全国应用型高校3D打印领域人才培养“十三五”规划教材

3D测量技术

主　编　朱　红　侯高雁
副主编　刘　凯　易　杰

华中科技大学出版社
中国·武汉

内容简介

本书根据近年来国内外3D测量技术的发展现状，汇集了大量国内外相关文献中的精华，以目前最新的职业教育改革精神为指导，并结合编者近年来对3D测量技术的研究和实践成果，以接触式测量技术和非接触式测量技术为主线，详细介绍了3D测量技术的发展、原理和应用，以及3D测量的设备，并以非接触式测量技术为例，通过实例进一步阐述了3D测量技术。全书分为六个模块：模块1介绍了3D测量技术的发展和意义；模块2介绍了3D测量技术的基础理论，包括3D测量技术的分类、原理和应用；模块3和模块4分别详细介绍了接触式3D测量技术和非接触式3D测量技术；模块5阐述了点云数据的处理和重构的相关理论知识以及常用的数据处理软件；模块6以非接触式测量为例，列举了高尔基头像和唐三彩骏马的3D测量，并进行了点云数据处理和重构。

本书是全国应用型高校3D打印领域人才培养"十三五"规划教材中的一本，与其他教材构成一个体系，可作为应用型高校制造工程类、产品设计类专业的学习教材和教学参考书，同时可供从事3D测量技术领域研究、开发、设计、制造的工程技术人员学习参考。

图书在版编目(CIP)数据

3D测量技术/朱红，侯高雁主编. —武汉：华中科技大学出版社，2017.8（2022.1重印）
全国应用型高校3D打印领域人才培养"十三五"规划教材
ISBN 978-7-5680-2921-6

Ⅰ.①3…　Ⅱ.①朱…　②侯…　Ⅲ.①三维-测量技术-高等学校-教材　Ⅳ.①TB22

中国版本图书馆CIP数据核字(2017)第126934号

3D测量技术　　　　朱　红　侯高雁　主编
3D Celiang Jishu

策划编辑：张少奇
责任编辑：刘　飞
封面设计：杨玉凡
责任校对：张会军
责任监印：周治超
出版发行：华中科技大学出版社（中国·武汉）　　电话：(027)81321913
　　　　　武汉市东湖新技术开发区华工科技园　　邮编：430223
录　　排：武汉楚海文化传播有限公司
印　　刷：武汉邮科印务有限公司
开　　本：710mm×1000mm　1/16
印　　张：9.5
字　　数：193千字
版　　次：2022年1月第1版第5次印刷
定　　价：33.80元

全国应用型高校3D打印领域人才培养“十三五”规划教材

编审委员会

序

3D 打印技术也称增材制造技术、快速成型技术、快速原型制造技术等，是近30 年来全球先进制造领域兴起的一项集光/机/电、计算机、数控及新材料于一体的先进制造技术。它不需要传统的刀具和夹具，利用三维设计数据在一台设备上由程序控制自动地制造出任意复杂形状的零件，可实现任意复杂结构的整体制造。如同蒸汽机、福特汽车流水线引发的工业革命一样，3D 打印技术符合现代和未来制造业对产品个性化、定制化、特殊化需求日益增加的发展趋势，被视为“一项将要改变世界的技术”，已引起全球关注。

3D 打印技术将使制造活动更加简单，使得每个家庭、每个人都有可能成为创造者。这一发展方向将给社会的生产和生活方式带来新的变革，同时将对制造业的产品设计、制造工艺、制造装备及生产线、材料制备、相关工业标准、制造企业形态乃至整个传统制造体系产生全面、深刻的影响：(1)拓展产品创意与创新空间，优化产品性能；(2)极大地降低产品研发创新成本，缩短创新研发周期；(3)能制造出传统工艺无法加工的零部件，极大地增加工艺实现能力；(4)与传统制造工艺结合，能极大地优化和提升工艺性能；(5)是实现绿色制造的重要途径；(6)将全面改变产品的研发、制造和服务模式，促进制造与服务融合发展，支撑个性化定制等高级创新制造模式的实现。

随着 3D 打印技术在各行各业的广泛应用，社会对相关专业技能人才的需求也越来越旺盛，很多应用型本科院校和高职高专院校都迫切希望开设 3D 打印专业(方向)。但是目前没有一套完整的适合该层次人才培养的教材。为此，我们组织了相关专家和高校的一线教师，编写了这套 3D 打印技术教材，希望能够系统地讲解 3D 打印及相关应用技术，培养出适合社会需求的 3D 打印人才。

在这套教材的编写和出版过程中，得到了很多单位和专家学者的支持和帮助，西安交通大学卢秉恒院士担任本套教材的顾问，很多在一线从事 3D 打印技术教学工作的教师参与了具体的编写工作，也得到了许多 3D 打印企业和湖北省 3D 打印产业技术创新战略联盟等行业组织的大力支持，在此不一一列举，一并表示感谢！

我们希望该套教材能够比较科学、系统、客观地向读者介绍 3D 打印技术这一新兴制造技术，使读者对该技术的发展有一个比较全面的认识，也为推动我国 3D

打印技术与产业的发展贡献一份力量。本套书可作为高等院校机械工程专业、材料工程专业、职业教育制造工程类的教材与参考书,也可作为产品开发与相关行业技术人员的参考书。

我们想使本套书能够尽量满足不同层次人员的需要,涉及的内容非常广泛,但由于我们的水平和能力有限,编写过程中有疏漏和不妥在所难免,殷切地希望同行专家和读者批评指正。

史玉升

2017 年 7 月于华中科技大学

前　言

随着精密加工、航空航天、汽车制造、半导体行业、精密仪器制造、模具设计等领域的快速发展，以及3D打印技术的问世和消费电子产品智能化、便携化而带来的零部件微型化的发展趋势，传统的二维测量设备已不能满足日趋智能化、微型化、复杂化的生产要求，因而，3D测量技术应运而生。通过3D测量技术，可以得到关于三维物体空间坐标信息的数据，对这些数据进行分析处理后，所得结果可以广泛应用于计算机辅助设计与制造(CAD / CAM)、逆向工程(RE)、快速成型(RP)及虚拟现实(VR)等领域，具有较高的实用价值和社会价值。

3D测量是利用某种技术获取到待测物表面的特征信息，如长、高、宽、表面度、圆度、曲率等，从而得到待测物的整个外貌轮廓。根据测量原理和方法进行分类，3D测量技术可以分为接触式3D测量和非接触式3D测量两大类。接触式3D测量方法起步比较早，代表是三坐标测量机和测量臂，它们的工作原理比较简单，首先使接触式测量头与待测物表面接触，放大并记录这一接触造成的信号变化，进而计算采集点的三维坐标。使用接触式3D测量方法得到的测量结果精度高、范围广，但测量耗时长、效率低，而且对于一些形状复杂、没有特定的测量基准，或者表面柔软的物体，测量无法进行，如人面部形状和尺寸的测量。非接触式3D测量不再使用探针，而是利用声、光、磁与被测物体表面的作用原理，现阶段主要是指基于光学方法的3D测量技术。本书将以接触式3D测量和非接触式3D测量为主线，详细介绍3D测量技术的发展、原理和应用，以及3D测量技术的设备，并以实际例子进一步阐述了3D测量技术。

本书内容共分6个模块。模块1简要介绍3D测量技术的发展和意义。模块2介绍3D测量技术的基础理论，包括3D测量技术的分类、原理以及应用。模块3和模块4分别详细介绍接触式3D测量技术和非接触式3D测量技术：模块3详细介绍了坐标测量技术、直角坐标测量系统的组成、测量坐标系，以及三坐标测量的基本操作；模块4介绍了三维激光扫描技术和影像测量技术，以PowerScan系列快速三维测量系统为例，详细阐述了三维激光扫描设备及扫描测量流程。模块5对通过3D测量技术获得的点云数据进行后处理做了介绍，包括点云数据的分类、点云数据的处理及点云重构。模块6以非接触式3D测量为例，列举了高尔基头像和唐三彩骏马的3D测量，并进行了点云数据处理和重构。

本书由武汉职业技术学院朱红、侯高雁任主编，武汉职业技术学院刘凯、湖南工业职业技术学院易杰任副主编。参加本书编写工作的有：朱红负责编写模块1、模块2；侯高雁负责编写模块3、模块4、模块6中的6.1节和6.2节；刘凯负责编写模块 5，易杰负责编写模块 6 中的 6.3 节和附录 A；全书由侯高雁统稿。

在本书编写过程中，编者查阅了大量的相关资料，除书中注明的参考文献外，其余的参考资料有：公开出版的报纸、杂志和书籍，因特网上的检索。本书中所采用的图片、模型等素材，均为所属公司、网站和个人所有，本书引用仅为说明之用，绝无侵权之意，特此声明。在此向参考资料的各位作者表示衷心的感谢。

由于编者水平有限，编写时间仓促，书中缺点、疏漏在所难免，恳请使用本书的师生和有关人士批评指正。

编　者

2017 年 6 月

目　　录

模块1 绪 论

1.1 引 言

长久以来，制造业中产品的传统开发设计方式均遵循严谨的研发流程，即从产品需求的构思、功能与规格预期指标的确定开始，一直到各个组件的设计、制造、组装和性能测试等。这种开发模式称为“预定模式”(prescriptive model)，这类开发工程统称为“正向工程”(forward engineering)。随着工业技术的进步以及计算机科学技术的发展，在新产品的创新开发过程中，出现了许多先进设计和制造技术，如逆向工程(RE)、三维 CAD/CAE/CAM、并行工程(CE)、虚拟制造(VM)、快速成型(RP)、3D 打印技术等。逆向工程(reverse engineering，RE)技术又称反求工程，它是借助各类测量方法与技术，对已有的模型或样件进行测量，获得其数字模型，借助具有反求设计能力的计算机软件(如 Geomagic，Surafcer，Imageware，UG 等)进行曲面重建，并进行精度分析，生成 CAD 模型，为产品的再创新工作服务。随着数控测量技术的发展，其理论研究和应用开发越来越受到工程技术人员和科研工作者的重视，其直接的目的是，希望以较低的成本和更高的效率对原型产品进行开发、创新和设计，从而为国民经济和国家现代化建设做出应有的贡献。目前已被广泛应用于航空、航天、造船、汽车和模具等现代制造业的各个领域[1、2]。

逆向工程与传统的设计方法完全不同，它是一种反向过程。以前模具设计师通常是采用正向设计，即从一个产品的概念开始，设计出其 CAD 模型，然后再进行产品加工的过程。但是正向设计过程中，设计一些复杂的零件时，会遇到设计周期长、难度高等问题，这都限制了产品的开发，因为设计师无法完全预估产品在设计过程中会出现什么样的状况，如果每一次都因为一些局部的问题而导致整个产品推倒重来，不管从时间上还是从成本上都是不可接受的；如果有方法改正在正向设计过程中所产生的局部问题自然是两全其美的事，正是在这样的背景下自然发展并形成了逆向设计的方法[3]。

而逆向设计正好相反，它是根据原有模型或者现有的产品零件来进行设计改良，通过对产生问题的模型进行直接的修改、试验和分析得到相对理想的结果，然后再根据修正后的模型或样件通过扫描和造型等一系列方法得到最终的三维模型。正向工程和逆向工程的对比如图 1.1 所示。

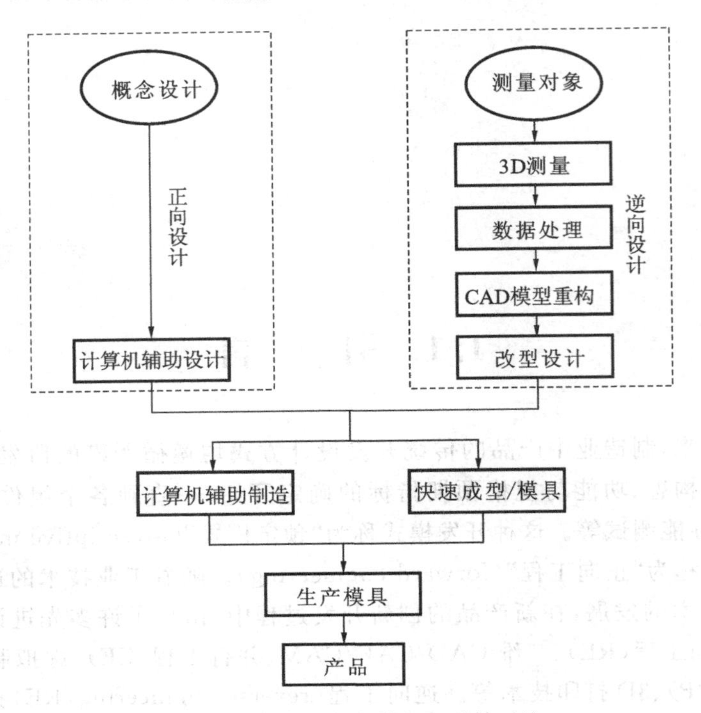

图 1.1 正向工程和逆向工程的对比

在实际产品开发过程中，更多的是同时利用正向设计和逆向设计两种方法来进行设计，即混合设计。混合设计是从测量数据中提取出可以重新进行参数化设计的特征及设计意图，进行再设计，完成 CAD 模型。目前，混合设计大致分为三种：①基于特征与自由形状的反求建模方法的混合。②基于截面线与基于面的曲面重建方法的混合。③几何形状创建过程中曲线曲面的特征形式表达与 NURBS 形式表达的混合。混合设计结合了正向设计与逆向设计的优势，将产品经过三维扫描，获得点云数据，对工件进行对齐、封装、修复、填充等处理，建立网格面模型，然后经过特征提取、草图设计、定位对齐等来正向设计，以此获得 CAD 模型。对模型分析后看是否满意，如果满意就可加工模型，获得新的模型。反之，再次进行正向设计。例如，三维立体足球地球仪的设计就是如此，图 1.2 为正向设计与逆向设计相结合的结果。其中：图(a)为逆向重建的三维立体地球仪；图(b)为正向设计的三维足球模型；图(c)为三维立体地球仪和三维足球相结合得到的三维立体足球地球仪，该项设计获得了国家专利。

首先，根据卫星和航测得到的地球表面各处的三维数据(经度、纬度和高程)，然后进行数据处理，用逆向设计的方法重构三维立体地球仪(见图 1.2(a))，这一过程就是逆向建模。根据设计需求在以上模型的基础上进行创新设计，将三维立体地球仪设计成足球的样子，这一过程属于正向设计。最终得到的三维立体足球地球仪就是正逆混合设计的产品。

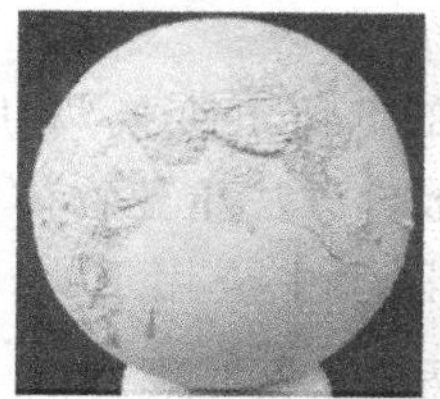
(a)三维立体地球仪

(b)三维足球模型

(c)三维立体足球地球仪

图 1.2 正逆向混合设计

逆向设计的主要技术有 3D 测量、数据处理和模型重构三部分[4]，如图 1.1 所示。

3D 测量：就是运用一定的测量设备和测量方法对实物样件进行测量，获取样件表面信息，得到三维坐标。3D 测量是逆向工程的首要环节，主要有接触式和非接触式两大类测量方法。

数据处理：就是对采集到的数据进行多视拼合、噪声去除、数据精简、数据修补等处理工作。数据处理是进行模型重构工作前的必要准备，在整个逆向工程流程中也十分关键。

模型重构：就是运用一定的逆向工程软件对点云数据进行处理，最终生成实物样件的三维数字化模型。模型重构是逆向工程中最为关键的环节，是逆向工程技术在工程应用中的主要体现。

3D 测量是逆向工程工作流程的第一步，后面的工作都要在此基础上来完成。如果数据获取时所得到的测量数据存在误差，那么在模型重构中所生成的模型就不可能足够准确，并且最终导致生产出来的产品不能够如实地反映原来的实物模型。对实物表面进行快速、准确的数据采集是逆向工程技术实现的基础和关键。本书将重点介绍 3D 测量技术，主要包括 3D 测量技术的原理、方法以及应用。

1.2 3D 测量技术的发展

3D 测量技术的发展起源于 20 世纪 50 年代末，最早的 3D 测量机是三坐标测量机。早期的三坐标测量机使用机械式探头，是一种接触式 3D 测量技术，精度低，并且实用性不高。英国 Renishaw 公司 20 世纪 80 年代研制出一种使用触发式探头的三坐标测量机，这种三坐标测量机研究出来之后很快得到了广泛的关注，并且由于它具有精度高、成本低、方便易用的优点，使得它在工业中获得了非常广泛的应用。接触式的测量原理使三坐标测量机在测量精度方面有了很大提高，可以达到微米级，但是测量速度较慢，测量时间较长。随着科学技术的不断发展与革新，三坐标测量机广泛应用于工业各领域，同时非接触式三维测量也迅速发展起来[5]，主要包括：计算机断层扫描技术（CT）、核磁共振成像（MRI）、基于光学的三维测量技术。

CT 理论基础是由奥地利科学家 J. Radon 提出的 Radon 变换，利用 Radon 变换可以通过二维或三维物体各个方向的投影，采用数学方法重建物体图像。这一理论最早应用在无线电天文学的图像重建中。在医学中应用 Radon 变换是由 A. M. Cormack在 1964 年提出。1963 年，A. M. Cormack 进一步发展了从 X 射线投影重建图像的解析数学方法。1972 年在 G. N. Hounsfield 的直接贡献下，诞生了世界上第一台可以用于临床诊断的 EMI 扫描机，基于 G. N. Hounsfield 与 A. M. Cormack在 CT 研制中作出的开创性的工作，他们荣获了 1979 年的诺贝尔医学奖和生理学奖。1974 年，Ledley 研制成功了全人体扫描 CT，并安装在美国乔治镇大学医疗中心。此后，在医学方面，西方发达国家先后研制出具有高分辨率的螺旋 CT、可超高速成像的电子束 CT 等设备。工业方面，从 20 世纪 70 年代末起，美国利用研制的透射式工业 CT 设备对军工产品的关键部件做无损检测，美国科学测量系统公司的工业 CT 机还应用于 CAD/CAM 方面，进行加工元件的仿型制造，开展逆向工程学的研究[6]。

核磁共振(nuclear magnetic resonance，NMR)，又称磁共振，是物质的原子核如氢核、磷核，在外磁场的作用下能级发生分裂，并在特定频率射频信号的激发条件下产生的能级跃迁的物理现象。这种物理现象在 1946 年被 Bloch 和 Purcell 几乎同时发现，后来逐渐运用于物理和化学领域来研究物质的分子结构。1966 年 Ernst 发展了脉冲傅里叶变换 NMR 测谱方法，这一方法提高了 NMR 的灵敏度和分辨率。在新技术的引导下，1973 年纽约州州立大学石溪校区的教授 Paul Lauterbur 研究出基于核磁共振现象的成像技术，并成功得出一活体蛤蜊的组成图像，第一次在实验中得到核磁共振活体的图像，由此核磁共振成像(magnetic resonance imaging，MRI)这门学科正式诞生了。随后，世界第一台人体全身核磁共振成像仪的发明预示着核磁共振成像技术由此进入了一个崭新的时代。通过几十年科学家的不懈努力，核磁共振成像技术越来越成熟，在各个领域的应用也越来越广泛，如物理、化学、医疗、石油化工、考古等方面获得了广泛的应用[7]。

光学测量是光学、电子技术与机械测量相结合的技术，它集光、电、机械和计算机技术于一体，是一种智能化、可视化的高新技术，该技术主要用于对物体三维形貌进行扫描测量，以得到物体表面的三维轮廓，得到其表面点的三维空间坐标[2]。光学测量主要应用在现代工业检测。借用计算机技术，可以实现快速、准确的测量。方便记录、存储、打印、查询等功能。随着近年来科学技术的飞速进步及经济的发展，光学三维测量技术在其他许多行业也都得到了广泛的应用，如在汽车、模具、机械加工、航空航天等制造工业以及在玩具、服装、医学、文物数字化、人体骨骼等各个方面。因其非接触、测量时间短、测量所得数据精度高等优点，光学三维测量技术也越来越成熟，其中三维激光扫描技术的应用最多。1960 年，世界上第一台红宝石激光器诞生了，它是由美国加利福尼亚休斯研究实验室的

Maiman 发明的，继这一重大科学技术出现之后，激光技术便广泛地应用于测量、生物、物理等多个领域。

三维激光测量技术的出现和发展为空间三维信息的获取提供了全新的技术手段，为信息数字化发展提供了必要的生存条件[8]。由于激光具有单色性、方向性、相干性和高亮度等特性，将其引入测量装置中，在精度、速度、易操作性等方面均表现出强劲的优势，所以它的出现引发出现代测量技术的一场新革命，引起测量相关行业学者的广泛关注，许多高技术公司、研究机构的研究方向重点放在激光测量装置的研究中。随着激光技术、半导体技术、微电子技术、计算机技术、传感器技术等相关技术的发展和应用需求的推动，激光测量技术也逐步由点对点的激光测距装置发展到采用非接触主动测量方式快速获取物体表面大量采样点三维空间坐标的三维激光扫描测量技术。三维激光扫描测量技术克服了传统测量技术的局限性，采用非接触主动测量方式直接获取高精度三维数据，能够对任意物体进行扫描，且没有白天和黑夜的限制，快速将现实世界的信息转换成计算机可以处理的数据。它具有扫描速度快、实时性强、精度高、主动性强、全数字特征等特点，可以极大地降低成本，节约时间，而且使用方便，其输出格式可直接与CAD、三维动画等工具软件接口。

在三维测量技术基础上形成的先进制造技术已经成为工业技术的新亮点，也成为衡量一个国家科学技术的发展与工业制造先进性的重要标准[9]。因此，国际上把先进制造技术、信息科学技术、材料科学技术和生物科学技术列为 21 世纪四大科技支柱而备受重视。先进的测量技术是先进制造技术的基础，反映了一个国家在制造业的技术发展水平和技术发展方向。在过去的几十年中，基于接触式的测量手段发展非常完善，经典的特征测量如圆半径、长度、角度的测量已经非常成熟，能够满足测量的需求。但是随着先进制造技术的发展，传统的检测手段已经不能满足日益发展的工业生产的需求，因此如何快速获取高精度的三维数据成为测量领域一个极为重要的研究方向。

1.3　3D 测量技术的意义

随着精密加工、航空航天、汽车制造、半导体行业、精密仪器制造、模具设计等领域的快速发展，以及 3D 打印技术的问世和消费电子产品智能化、便携化而带来的零部件微型化发展趋势，传统的二维测量设备已不能满足日趋智能化、微型化、复杂化的生产要求，因而，三维测量应运而生。三维测量技术包括接触式三维测量和非接触式三维测量，接触式三维测量由于测量速度慢、操作烦琐、易划伤测量物、无法测量软物体，从而不能广泛用于各行业。非接触式三维测量技术，集计算机、光电子技术、信息处理技术于一体，具有速度快、大量程、非接触、高精度等优点，尤其是光学 3D 测量技术，自诞生以来便得到了各行业广泛地关注与应用。

在工业制造、生物医学、产品检验、逆向工程、影视特技、文物保护等领域，3D 测量技术具有广阔的应用前景和研究意义[10]。

3D 测量技术适合生产过程中的在线实时检测，如在汽车车身、机械零部件、飞机外壳、轮机叶片等加工制造中实现高精度实时在线检测。如图 1.3 所示为检测汽车车身。同时可以避免对被测物体造成损伤，为文物保护和复原提供了新的方法。可利用光学 3D 测量技术和虚拟显示技术对文化遗产进行数字化储存和展示，并且在文物鉴定等方面具有重要的现实意义。

图 1.3　检测汽车车身

3D 测量技术对于逆向工程有非常重要的意义。在现代产品开发中，由于产品的形状日趋复杂化，同时消费者越来越追求个性、美观的设计，产品的外观不可避免地出现一些数学模型难以描述的曲面，此时逆向工程将会提供很好的解决办法。在逆向工程中，利用该技术，对现存的实物或者模型进行三维形状的测量和数字模型的重构、分析和修改等，可快速、准确地设计和造型产品。

通过三维测量技术，可以得到关于三维物体空间坐标信息的数据，对这些数据进行分析处理后，所得结果可以广泛应用于计算机辅助设计与制造（CAD/CAM）、逆向工程（RE）、快速成型（RP）及虚拟现实（VR）等领域，具有较高的实用价值和社会价值。

模块2 3D测量技术基础理论

2.1 3D测量技术的分类

3D测量是利用某种技术获取待测物表面的特征信息，如长、高、宽、表面度、圆度、曲率等，从而得到待测物的整个外貌轮廓。根据测量原理和方法进行分类，3D测量技术可以分为接触式测量和非接触式测量两大类[11]，其具体分类如图2.1所示。

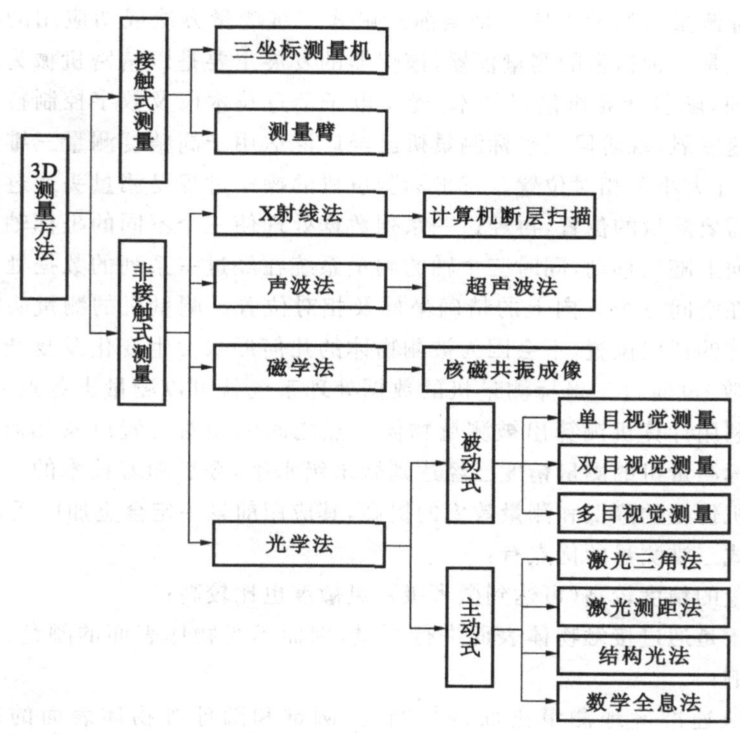

图2.1 3D测量技术分类

1. 接触式测量

接触式测量方法起步比较早，代表是三坐标测量机和测量臂，如图2.2所示，它们的工作原理比较简单，首先使接触式测量头与待测物表面接触，放大并记录这一接触造成的信号变化，进而计算采集点的三维坐标。使用接触式测量方法得到的测量结果精度高、范围广，但测量耗时长、效率低，而且对于一些形状复杂、没有特定的测量基准，或者表面柔软的物体，测量无法进行，如人的面部形状和尺寸的测量。

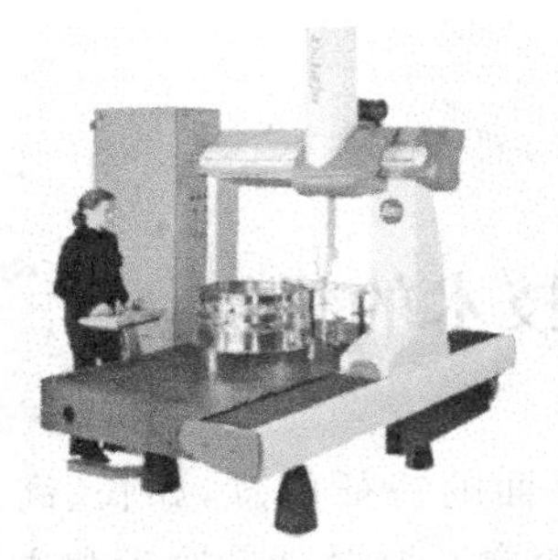

(a) 海克斯康三坐标测量机

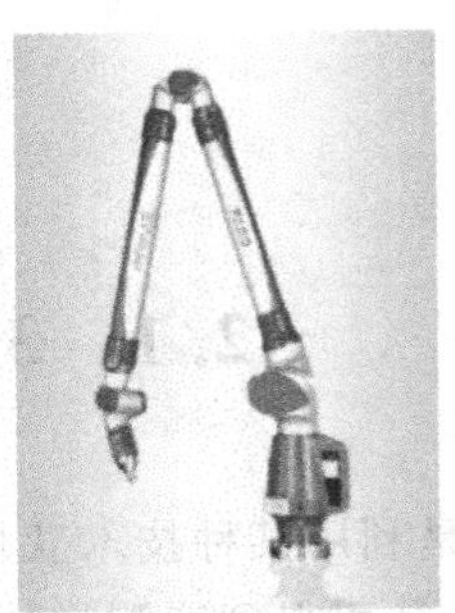

(b) 法如测量臂

图 2.2　接触式测量仪

三坐标测量机的投入使用是当前接触式三维测量方法成功应用的实例。三坐标测量机是一种精密的测量仪器，该仪器的发展主要是以精密机械为基础。近几十年时间，随着计算机信息技术、光学电子信息技术以及数字控制技术等先进科技的高速发展，现阶段三坐标测量机已经广泛适用于高精度测量三维复杂构件的外形、尺寸大小和相对位置。三坐标测量机的操作过程是测量头通过移动到达任意一个需要测量的位置，再经过一系列数据处理使三个不同的坐标轴在空间三个不同方向上随意移动，同时三个轴的测量系统在经过一系列的数据处理之后测出被测点在空间三个方向上的精确坐标及相对位置。测量机的测量头能够到达被测量物体的任何位置，不会因为被测物体的几何形状发生变化及复杂程度而导致测量失败，再通过三坐标测量机的数据处理系统就可以测量出各点的坐标值，与此同时利用计算机测算出被测量物体三点之间的相对位置以及几何尺寸。现阶段三坐标测量机的测量精度已经达到微米级水平，今后随着技术的发展以及三坐标测量机价格的降低和测量效率的提高，其应用前景一定会更加广泛。

接触式三维测量的优点有：

①测量的精度较高(可达到微米级)，灵敏度也比较高；

②由于是通过接触物体表面进行测量，因而不受物体表面的颜色、反射特性和曲率影响；

③可快速准确地测量出面、圆、圆柱、圆锥和圆球等物体表面的基本几何形状。

但是，接触式三维测量因测量工具的原因在应用上存在很大的局限性[12]：

①测试物体与测量头接触部分存在由于接触产生的压力，一旦操作失误就会导致被测试物体表面一定程度的损伤，特别是高精度表面和易碎物体的表面，测

量头同时也会遭到损坏。

②因为测量头自身的半径问题，所以一旦测试物体与测量头发生接触就会导致被测量物体发生局部形变，致使测量的精度也会受到一定的影响。

③接触式三维测量主要是以逐点方式进行测量的，因此测量速度比较慢，不利于操作时测量，尤其是在测量较大物体时比较耗时。

2. 非接触式测量

非接触式三维测量，不再使用探针，而是利用声、光、磁与被测物体表面的作用原理，现阶段主要是指基于光学方法的三维测量技术，其他的如：利用超声波的声呐技术，利用磁学原理的核磁共振成像技术等，本文主要介绍基于光学的三维测量技术。

光学三维测量技术以光学为理论基础，结合了矩阵数学、模电、数电、数码成像、人工智能等知识，是随着计算机科学技术发展起来的实用三维测量技术之一，具有高分辨率、无破坏、测量效率高、适用范围广等优点。光学三维测量可分为主动式测量和被动式测量，被动式三维测量则是在自然光条件下通过计算机图像学、立体视觉等方法获取待测物表面的三维坐标信息；主动式三维测量是利用待测物体表面对投影结构光的高度调制信息获取其三维坐标信息，因此也被称为是结构光法三维测量。

被动式三维测量技术发展到今天，可以利用一个相机、两个相机甚至三个以上（包括三个）相机完成三维测量任务。单目视觉测量仅利用一台视觉传感器就可完成物体表面三维坐标信息测量工作，其结构和工作过程简单，不存在双目视觉测量中双目图像匹配难的问题；双目视觉测量则是利用两个视觉传感器模拟人的双眼获取到待测物体两个不同角度的照片，对两张图片进行分析处理，计算两张照片之间对应点的视差进而得出待测物体表面的三维坐标信息，其计算原理简单、测量精度高、适用范围广，是目前应用最广泛的三维测量技术；多目视觉测量则是多个双目视觉测量系统通过合理的方式组合在一起进行三维测量工作，其原理与双目视觉测量系统并无不同。

如图 2.1 所示，按照光源和测量对象的不同，主动式三维测量技术主要有激光三角法、激光测距法、结构光法和数字全息法。其中，激光三角法是利用一个三角关系进行三维测量；激光测距法则是通过某种手段记录激光在待测物和接收器之间传播一个来回所用的时间，进而计算距离；数字全息法是全息技术的进一步发展，利用计算机处理全息三维图像，得到待测物的三维坐标信息；结构光法则是向待测物体投影光栅、一维黑白（或者彩色）条纹或者二维黑白（或者彩色）图案，逆向分析结构光图形产生变化的原因，得到待测物的三维坐标信息。

非接触式测量方法的优点有：

①激光光斑的位置就是物体表面的位置，没有半径补偿的问题；

②测量过程可以用快速扫描，不用逐点测量，因此测量速度快；

③由于测量过程不接触物体，可以直接测量软性物体、薄壁物体和高精密零件。

非接触式测量方法的缺点有：

①非接触测量大多应用光敏位置探测技术（position sensitive detector，PSD)，而目前 PSD 的测量精度有限，约为 20 pm(皮米)以上；

②非接触测量原理要求探头接收照射在物体表面的激光光斑的反射光或散射光，因此极易受物体表面颜色、斜率等反射特性的影响；

③环境光线及散射光等噪声对 PSD 影响很大，噪声信号的处理比较困难；

④非接触测量方法主要对物体表面轮廓坐标点进行大量采样，而对边线、凹孔和不连续形状的处理较困难；

⑤被测量物体形状尺寸变化较大时，使得 CCD 成像的焦距变化较大成像模糊，影响测量精度；

⑥被测物体表面的粗糙度也会影响测量结果。

接触式和非接触式测量都有一定的局限性，可以根据逆向工程中测量的实际需要，选择不同的测量方法，或利用不同的测量方法进行互补，以得到高精度的数据。

2.2　3D 测量技术的原理

2.2.1　接触式测量

1. 三坐标测量机

三坐标测量机是由机械主机、位移传感器、探测系统、控制部分和测量软件等组成的测量系统，如图 2.3 所示。通过测头对被测物体的相对运动，可以对各种复杂形状的三维零件表面坐标进行测量。根据坐标测量机的配置不同，测量机可以手动、机械或自动进行。通过增加不同附件，如旋转工作台、旋转测座、多探针组合、接触或非接触测头等，可以提高设备的灵活性和适用范围。通过人机对话，可以在计算机控制下完成全部测量的数据采集和数据处理工作[13]。

三坐标测量机的工作原理是基于坐标测量的通用化数字测量，它首先将各被测几何元素的测量转化为对这些几何元素上的一些点集坐标位置的测量，在测得这些点的坐标位置后，再根据这些点的空间坐标值，经过数学运算求出其尺寸和几何误差。如图 2.4 所示，要测量工件上一圆柱孔的直径，可以在垂直于孔轴线的截面 1 内，触测内孔壁上三个点（点 1,2,3），根据这三个点的坐标值就可以计算出孔的直径及圆心坐标 O_r，如果在该截面内触测更多的点（点 1,2,…,m，其中 m 为测量点数），则可以根据最小二乘法或最小条件法计算出该截面圆的圆度误差；

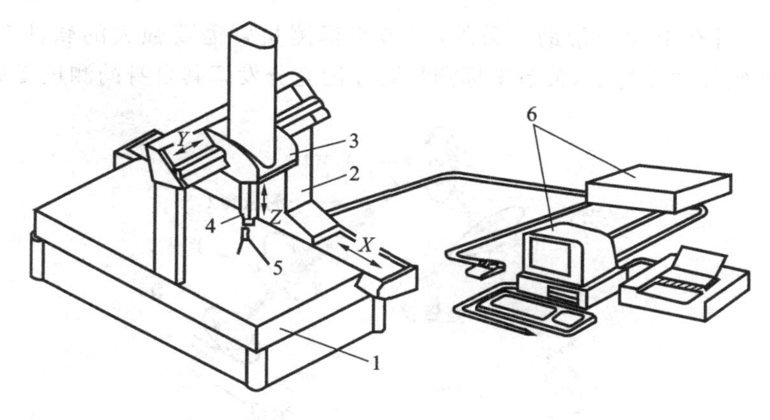

图 2.3　三坐标测量机的组成

1—工作台；2—移动桥架；3—中央滑架；4—Z 轴；5—测头；6—电子系统

如果对多个垂直于孔轴线的截面圆($1,2,\cdots,n$,其中 n 为测量的截面圆数)进行测量,则根据测得点的坐标值可计算出孔的圆柱度误差以及各截面圆的圆心坐标,再根据各圆心坐标值又可以计算出孔轴线位置;如果再在孔端面 A 上触测三点,则可以计算出孔轴线对端面的位置度误差。由此可见,三坐标测量机的这一工作原理使得其具有很大的通用性和柔性。从原理上说,它可以测量任何几何工件的任何几何元素的任何参数。

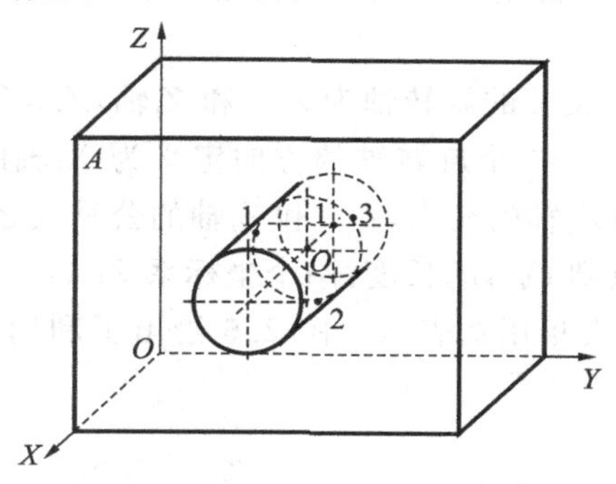

图 2.4　三坐标测量机的工作原理

2. 测量臂

关节坐标测量臂[14]是一种新型的多自由度非正交式坐标测量系统,是以角度测量基准取代长度测量基准的测量系统,结构如图 2.5 所示。它将若干个杆件和 1 个测头通过旋转关节串联连接,关节臂一端固定于基座上,而末端测头的自由运动范围构成了一个球形测量空间。测量人员可以手工移动测头在其测量空间中进行测量,利用计算机上携带的测量软件计算出被测点的三维坐标,通过数据处理得出待测参数值或偏差。关节臂是测量系统硬件的核心部分,其数学模型是在 Denavit 和 Hartenberg 于 1955 年提出的 D-H 矩阵计算方法的基础上建立起来的,该方法主要用于解决两个相连运动构件之间的坐标转换关系,对运动建模和运动误差分析有很大的帮助。另外,关节坐标测量臂需要强大的软件功能的支持,只有在软件的支持下,关节坐标测量臂才能充分发挥其自身的测量优势。

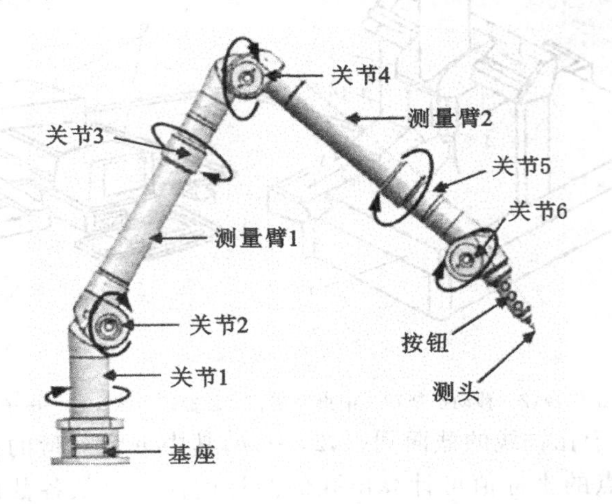

图 2.5 关节坐标测量臂结构图

关节臂测量的基本原理是在各关节处建立坐标系,测头测出的三维坐标是在就近的坐标系下计算得到的,通过坐标系之间的转换矩阵,将测量点的坐标逐级换算到基准坐标系下。利用 D-H 的方法建立关节臂的各臂杆坐标系步骤如下[15]:

定义第 $i+1$ 和 i 个关节的旋转轴为 Z_{i-1} 和 Z_i 轴,Z_{i-1} 和 Z_i 轴的公垂线所在直线作为 X_i 轴,以指向第 $i+1$ 个旋转轴的方向定义为 X_i 轴的正方向,而原点 O_i 为 Z_{i-1} 和 Z_i 轴的公垂线与 Z_i 轴的交点;Z_{i-1} 和 Z_i 轴的公垂线之间的长度用 a_i 表示,d_i 为公垂线与 Z_{i-1} 轴交点到 O_{i-1} 的长度;两个坐标系 Z_{i-1} 和 Z_i 轴之间的夹角用 α_i 表示,X_{i-1} 和 X_i 轴之间的夹角用 θ_i 表示。图 2.6 给出了利用 D-H 变换所建立的相邻两个坐标系的关系。

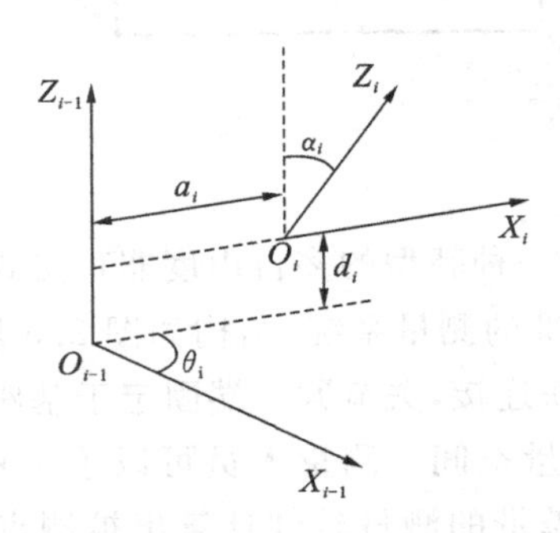

图 2.6 D-H 变换示意图

式(2-1)给出的是相邻两个坐标系之间的转换矩阵,对于实际的关节臂来说(以六轴七臂测量系统为例),其测头相对于基准坐标系的理想关系如式(2-2)所示。

$$T_{(i-1)i}=\begin{bmatrix}\cos\theta_i & -\sin\theta_i\cos\alpha_i & \sin\theta_i\sin\alpha_i & \alpha_i\cos\theta_i\\ \sin\theta_i & \cos\theta_i\cos\alpha_i & -\cos\theta_i\sin\alpha_i & \alpha_i\sin\theta_i\\ 0 & \sin\alpha_i & \cos\alpha_i & d_i\\ 0 & 0 & 0 & 0\end{bmatrix} \tag{2-1}$$

其中 $P(x_0, y_0, z_0, 1)$表示测头在基准坐标系下的坐标值，$P(x_7, y_7, z_7, 1)$表示测头在最末一级坐标系下的坐标值，$\boldsymbol{T}_{(i-1)i}(i=1,2,\cdots,7)$为相邻两坐标系之间的转换矩阵。

$$P(x_0, y_0, z_0, 1)=\boldsymbol{T}_{01}\boldsymbol{T}_{12}\boldsymbol{T}_{23}\boldsymbol{T}_{34}\boldsymbol{T}_{45}\boldsymbol{T}_{56}\boldsymbol{T}_{67}P(x_7, y_7, z_7, 1) \tag{2-2}$$

由于关节坐标测量臂的特殊系统结构，在 D-H 模型中，a_i、d_i、α_i 三个参数是固定不变的，可视为一种结构参数，参数 θ_i 是不断变化的，因此实时检测出 θ_i 的值就可以确定空间各点在基准坐标系下的坐标值。

关节坐标测量臂是一种采用非笛卡儿坐标系统的柔性多关节式坐标测量设备。相比三坐标测量机，它主要有以下优点[16]。

①体积小、重量轻、便于携带。关节臂式坐标测量机通常只有 5.10 kg，由测量臂组成，占用空间小，可以放置于方便携带的专用行李箱中，非常适合于室外测量以及测量物体不能移动的场合。

②量程范围大。三坐标测量机需要在量程范围内安装导轨、标尺及驱动装置，增加量程就会大大地增加测量机的体积和重量，并造成生产成本的提高；而关节臂式坐标测量机采用关节臂连接的形式，增加量程只要加长测量臂的长度即可。

③基本无测量死角。三坐标测量机的测量向量取决于测头测角，对于中空（镂空）、不规则的零部件的内部表面等情况很难在全部空间测量，存在测量死角；而经过杆长设计优化之后的关节臂式坐标测量机，由于具有多轴串联结构，几乎可以探触到测量空间中的任意位置。

④运动灵活，操作简单。关节臂式坐标测量机结构轻便，是被动式测量机，依靠测量者的引导操作达到测量位置，操作简单容易。

⑤价格适宜。通常同样量程范围的两种测量机，关节臂式坐标测量机的价格仅是三坐标测量机的 1/2 到 1/4。关节臂式坐标测量机有利于测量机的推广以及测量技术的普及。

2.2.2　非接触式测量

1. 计算机断层扫描

计算机断层扫描（computed tomography，CT）技术，又名计算机轴向断层扫描（computerized axial tomography，CAT）技术，是一种先进的无损检测技术，它运用一定的物理技术，以测定穿透射线（X 射线）在物体内的衰减系数为基础，采用一定的数学方法，经电子计算机处理，求解出衰减系数值在物体某剖面上的二维分布矩阵，再应用一定的电子技术把此二维分布矩阵转变为图像画面上的灰度分布，从而实现重新建立断面图像的现代成像技术。

CT 图像重建的原理就是利用 X 射线照射在被检测物体上，一部分射线能量被物体吸收而使射线强度产生衰减。X 射线在穿过被检测物体时，衰减呈指数变化，遵循 Lambert-Beer 吸收定律。如图 2.7 所示，X 射线穿过被检测物体时的衰减过程。

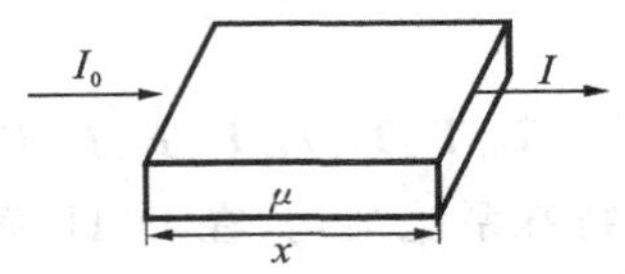

图 2.7　X 射线穿过被检测物体时的衰减示意图

当放射源发射出的射线穿透物体时，其射线强度便由于物体吸收而衰减，并遵循以下方程，即

$$I=I_0\mathrm{e}^{-\mu x}=I_0\mathrm{e}^{-\mu^m\rho x}=\int_0^{E_{\mathrm{Max}}}I_0(E)\mathrm{e}^{-\int_0^d\mu(E)\mathrm{d}s}\mathrm{d}E \tag{2-3}$$

$$\mu=\mu^m\rho \tag{2-4}$$

式中：I_0 表示 X 射线初始强度；

I 表示 X 射线到达检测器上的强度；

μ 表示物体的吸收系数；

μ^m 表示物体单位质量的吸收系数；

ρ 表示物体密度；

x 表示 X 射线的穿透距离。

对于水，$\rho=1.0\ \mathrm{g/cm^3}$，因此其吸收系数 $\mu_w=\mu^m$。

投影值 P 用来记录 X 射线初始强度值 I_0 和穿过物体后的衰减强度值 I 之间的相对关系，用式(2-5)表示为

$$P=\ln\frac{I_0}{I}=\mu^m\rho x=\sum_{i=1}^{n}\mu_i\rho_i x_i \tag{2-5}$$

式中：X 射线路径中的每段间隔 x_i 所产生的对总衰减程度的影响取决于局部衰减系数 μ_i，μ 表示为在这一积分路径上局部衰减系数的线积分，以便计算从放射源到探测器的每一条射线上的衰减值。

CT 机主要由放射源和探测器组成。CT 机常用 X 射线作放射源，可穿透金属材料和非金属材料。不同波长的 X 射线，其穿透能力不同，而不同物质对同一波长 X 射线的吸收能力也不同，物质密度越大及组成物质的原子中的原子序数越高，对 X 射线的吸收能力越强。图 2.8 所示为医用 CT 机。

CT 机的工作原理是：X 射线源和检测接收器固定在同一个扫描机架上，同步地对被检物体进行联动扫描，一次扫描结束之后，扫描机架转动一个角度再进行下一次的扫描，这样反复下去就可以采集到若干组数据。如果平移扫描一次可以获得

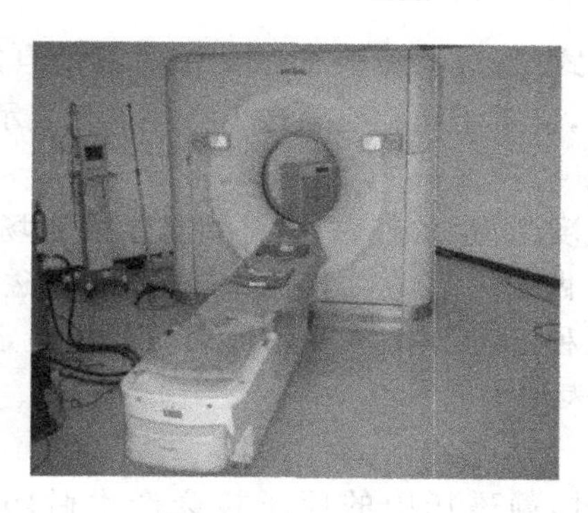

图 2.8　医用 CT 机

256 个数据，那么每转动 1°扫描一次，转动 180°就可以获得 256×180＝46080 个数据，系统将这些信息处理后，就可以获得被检物体某一个断面的 CT 图像了[17、18]。

2. 核磁共振成像

核磁共振成像（megnetic resonance imaging，MRI）是一种重要的成像手段，是指具有固定磁矩的原子核，如 1H、13C、31P、19F、15N、129Xe 等，在恒定磁场与交变磁场的作用下，与交变磁场发生能量交换的现象。处在某一个磁场里的物质，其原子核系统在受到相应频率的电磁辐射作用时，它们的塞曼磁能级之间所产生的一种共振跃迁现象，即核磁共振现象，这是核磁共振成像的基础[19、20]。

核磁共振成像的原理是将被测对象放置在某一特定的磁场中，使用点射频脉冲将被测对象内的氢原子核激发，使得氢原子核发生共振现象，同时吸收对应能量。当停止射频信号之后，氢原子核以某一频率放射出电信号，同时把被吸收的能量全部释放，这些能量能够被对象体外的接收器发现，经计算机的信号采集得到图像。

自然界的物质是由原子组成的，而原子包括了带有正电荷的原子核和绕核运动的带有负电荷的电子。其中，原子核具有方向性的、绕自身轴线的自旋运动产生了环形电流，会形成类似的一个小磁体，进而产生磁场。这也就有了原子核的磁矩，一般用向量 $\vec{\mu}$ 表示，图 2.9 所示为自旋原子核及自旋原子核产生的磁效应。

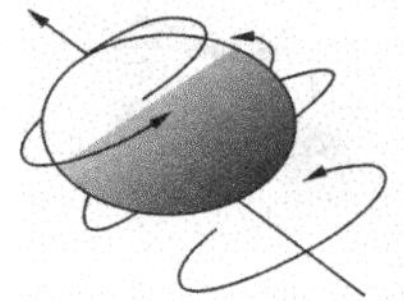

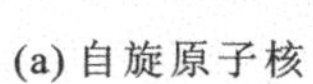

(a) 自旋原子核

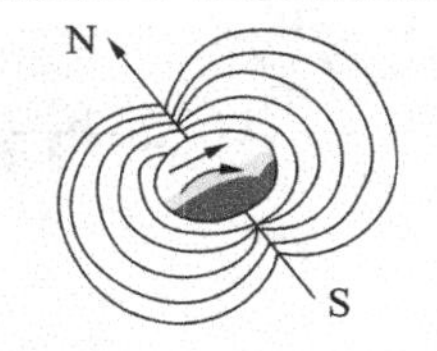

(b) 自旋原子核产生的磁效应

图 2.9　自旋原子核产生磁效应

核磁矩 $\vec{\mu}$、核自旋角动量 p 之间存在以下关系：

$$\mu = g\frac{e}{2m}p \tag{2-6}$$

式中：e 为单位电荷；m 为质子的质量；g 为根据原子核的不同而改变的朗德因子

(Lande factor)。同时,式(2-6)也反映了原子核内部的自旋运动同磁矩的关系。核磁矩与核自旋的关系,通常用磁旋比 λ 这个物理量来表示,即

$$\mu=\lambda p \tag{2-7}$$

当存在一个磁场强度为 B_0 的外磁场,并将这个外磁场作用于物质时,原子核除了自旋外,还会绕 B_0 做定向运动,运动的方向或是与磁场方向相同,或是与磁场方向相反。我们把这种运动称作拉莫尔运动。如果设定自旋核运动的角速度为 ω_0,则拉莫尔公式可表示为

$$\omega_0=\lambda B_0 \tag{2-8}$$

当发生自旋运动时,静磁场中的原子核会产生微弱的势能。把一个交变电磁场(频率为 ω_0)作用到自旋的原子核后,自旋轴会被强制倾倒并带上较强势能,而当这个交变电磁场消除后,原子核会释放势能,自旋轴也将向原先的方向运动,这就是核磁共振现象产生的基本原理。换言之,当电磁辐射的外磁场和圆频率满足拉莫尔公式时,原子核就对电磁辐射发生共振吸收,这一过程也称为弛豫过程。这一过程释放的势能会产生电压信号,即核磁共振信号(也叫衰减信号)。显然,核磁共振信号是幅度随运动过程的减小而衰减的频率为 ω_0 的交变信号。

在世界的许多大学、研究机构和企业集团,都可以听到核磁共振这个名词,而且它在化工、石油、橡胶、建材、食品、冶金、地质、国防、环保、纺织及其他工业部门用途日益广泛。在中国,其应用主要在基础研究方面,企业和商业应用普及率不高,主要原因是产品开发不够、使用成本较高。但在石油化工、医疗诊断方法应用较多。如图 2.10 所示为医用 MRI 设备。

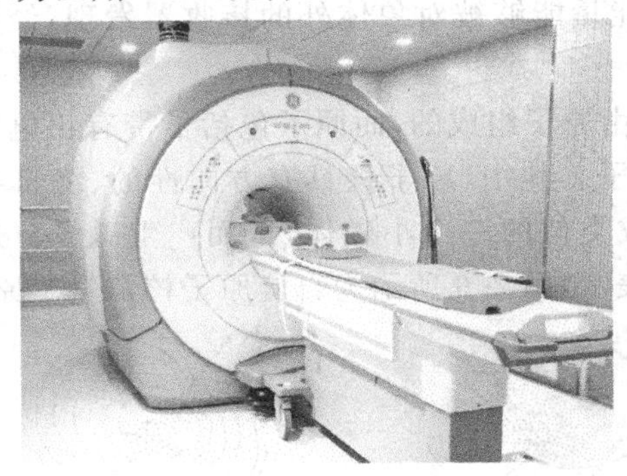

图 2.10　医用 MRI

3. 立体视觉法

立体视觉(stereo vision)法是由多幅图像(一般为两幅)来获取物体三维几何信息的方法。对于生物视觉系统,几乎所有具有视觉的生物都有两个眼睛,两个眼睛同时观察一个场景,获取的图像传到人的神经系统,根据两幅图的视差(位置偏差)就能产生远近的感觉。立体视觉法就是仿照这样的原理,利用成像设备从不同的位置获取被测物体的两幅图像,通过计算图像对应点间的位置偏差,来获

取物体三维几何信息的方法。下面以双目视觉测量为例，来说明立体视觉测量的原理。

图 2.11 显示了最常用的双目视觉模型：空间点 P 在左右摄像机的成像平面上分别得到投影点 p_l 和 p_r，该点既位于空间直线 $\overline{o_l p_l}$ 上，又位于空间直线 $\overline{o_r p_r}$ 上，因此 p 点是 $\overline{o_l p_l}$ 与 $\overline{o_r p_r}$ 的交点，即它的空间三维位置是唯一确定的，这就是立体视觉的基本原理。

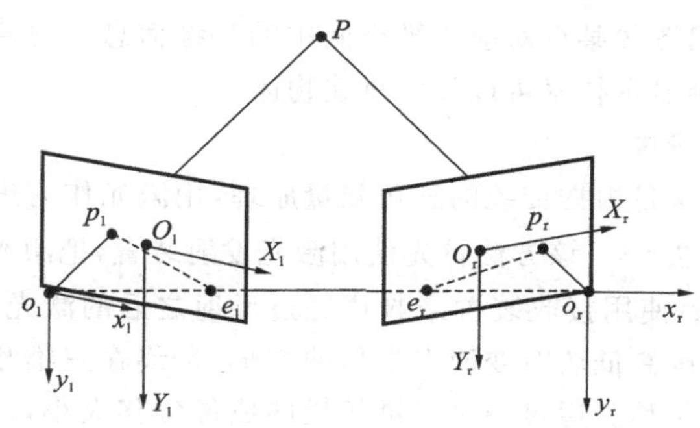

图 2.11　双目视觉模型

一个完整的双目视觉系统包括六个部分，分别为数字图像采集、摄像机标定、特征提取、图像立体校正、立体匹配、三维重建等[21]。

(1)数字图像采集　立体图像的采集是双目立体视觉的物质基础。普遍的方法是使用两台性能相同、位置固定的摄像机从不同角度对同一景物进行拍摄，或者也可以使用一台摄像机从不同的角度两次拍摄同一景物。在图像采集时不但要满足应用要求，还要考虑到光照条件、摄像机性能以及景物特点等因素的影响。

(2)摄像机标定　也称为摄像机校准，就是通过实验和计算得到摄像机参数，包括摄像机的外部参数和内部参数。同时建立成像模型，以确定空间坐标系中物体点同它在图像平面上像点之间的对应关系。

(3)特征提取　是为了得到匹配所需要的图像特征，常用来提取的目标特征主要有点状特征、线状特征和区域特征。

(4)图像立体校正　也称为重投影，其目的是利用对极几何约束，在两幅图像的同一扫描线方向进行匹配搜索。图像校正可以保证对极线始终和图像扫描线平行，并且左右两幅图像的对应匹配点的对极线共线。图像校正有 3 个步骤：第一步通过基础矩阵求出投影矩阵；第二步由第一步求得的投影矩阵进而求出当前相机的光学中心；第三步是将像平面上的所有像点全部重新投影到新的重投影平面上。

(5)立体匹配　是立体视觉中最重要也是最困难的问题。对于任何一种立体匹配方法，其有效性有赖于三个问题的解决，即选择正确的匹配特征，寻找特征的本质属性，建立稳定的匹配算法。立体匹配的难点在于：当空间三维场景被投影成二维图像时，由于观察位置、光照条件、噪声干扰和摄像机畸变等因素，同一景物在不同视点下的图像会有很大不同。因此，如何提高算法的匹配和抗干扰能力，降低实现的复杂性和计算量，还需要我们进行深入的研究。

(6)三维重建　它的目的是将二维图像重构出三维空间结构，它是双目立体视觉系统的最后步骤。已知相机成像几何模型与匹配关系，可以进行三维重建。摄像机的相对几何关系可以通过立体标定获得，立体匹配求得视差，最后利用三角测量原理，计算出图像某点对应三维空间中的三维信息。由若干个空间点的坐标，经过计算机三维显示技术可以显示重建物体。

4. 激光三角测量法

激光三角测量法是根据传统的三角测量原理，用激光作为进行测量操作的工具来完成测量的方法[22]。该方法首先使用激光发射装置，把激光向被测量的物体表面进行投射，然后使用接收装置来收集经过反射之后的激光信息，原本平直的激光被物体表面轮廓高低所改变而发生扭曲变形，最终在三维相机的像平面上的成像也发生相应的位移。通过测量三维相机的成像位移大小，可根据入射光和反射光构成的三角关系推算出客观物体表面轮廓的实际高度信息。那么激光发生装置、被测量物体表面的光斑和接收装置就会建立起一个三角形。如图 2.12 所示，激光光源和接收传感器是标定过的，激光投射的角度也是已知的，则光源到被测物体表面的光斑的距离可以通过三角变换得出。根据激光发射装置光源的不同，激光三角测量法有两种主要的类型：一种是点光源测量法，另一种是线光源测量法。线光源测量法能够得到一个较大的视角，而点光源测量法则具有更好的深度分辨率，能够避免测量受到周围环境光线的影响。但是，由于点光源测量法需要逐点进行距离测量，使得扫描系统设计比较复杂，从而导致测量的速度比较慢。

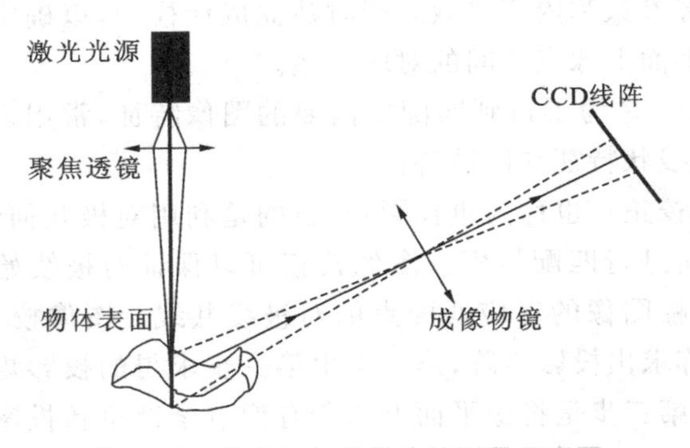

图 2.12　激光三角测量法的测量示意图

激光三角测量法的测量结构可分为直射式测量方法和斜射式测量方法，这是根据激光光源的入射光线和被测物体表面的反射光线所形成的不同夹角来确定的。根据激光光束的入射角度和反射角度，通过几何关系获取被测量点的位置坐标数据。由于入射光和反射光构成三角关系,可通过视觉传感器内的成像位置,对光斑位移进行计算[23],如图 2.13 所示。

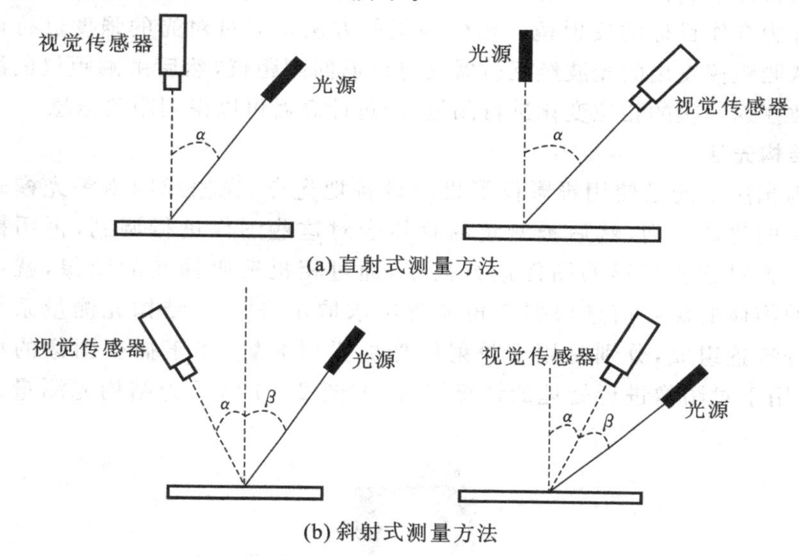

(a) 直射式测量方法

(b) 斜射式测量方法

图 2.13　激光三角测量法安装方式

激光三角测量法具有很多的优点。比如,该方法的原理相对要简单一些,不用进行很多复杂的计算,而且系统进行处理的时间也相对较短,因而这种方法也被广泛用于对物体的三维测量之中。

5. 激光测距法

目前最常用的激光测距法有脉冲法和相位法[24]。脉冲式激光测距原理与雷达测距相似,测距仪向目标发射激光脉冲信号,经待测物体表面漫反射后,沿几乎相同的路径反向传回到接收器,检测光脉冲从发出到接收时刻之间的时间延迟 Δt,就可以由式(2-9)计算出距离 z。

$$z=\frac{1}{2}c\Delta t \tag{2-9}$$

目前,脉冲激光测距方法已获得广泛的应用,如地形测量、战术前沿测距、导弹运行轨道跟踪,以及人造卫星、地球到月球距离的测量等。脉冲激光测距系统的分辨率决定于计数脉冲的频率。由于激光光速很快,计时基准脉冲和计数器频率的高低直接影响着所获得的测距精度。脉冲测距精度可以表示为

$$\Delta L=\frac{1}{2}c\Delta t \tag{2-10}$$

式中:c 是光速。c 的精度主要依赖于大气折射率 n 的测定,由 n 值测定误差而带来的误差约为 10^{-6},因此对于短距离(几千米到几十千米)脉冲激光测距仪来说,测距精度主要决定于 Δt 的大小。影响 Δt 的因素很多,如激光脉宽、反射器和接收光学系统对激光脉冲的展宽、测量电路对脉冲信号响应延迟等。相位激光测距

一般应用于精密测距中。由于其精度高，一般为毫米级，为了有效地反射信号，并使测定的目标限制在与仪器精度相称的某一特定点上，因此在这种测距仪上都配置有被称为合作目标的反射镜。相位测距的方法是通过对光的强度进行调制实现的。从测距仪发出的光波经反射器反射再返回测距仪，然后由测距仪的测相系统对光波往返一次的相位变化进行测量，经过计算后可以得到距离信息。

6. 结构光法

结构光法指的是使用投影仪等投射设备把光点、光栅或网格等光模式投射到被测量的物体表面，然后被测量的物体会对这些图像进行调制，再用摄像机等捕获装置对这些变形的图像进行捕获，通过相机解码捕获的图像，就可以把被测量的物体的深度信息根据三角原理给求取出来[25]。结构光测量系统一般由三部分装置组成，分别是用于投射图像的投射装置，用于捕获图像的摄像装置，以及用于对图像进行处理的计算机等，如图 2.14 所示为结构光测量系统示意图。

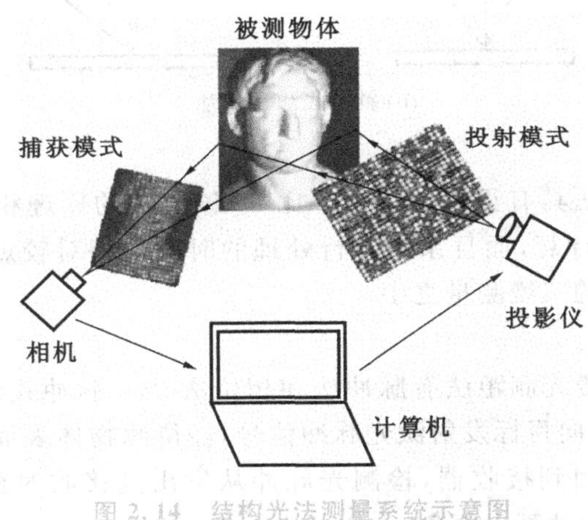

图 2.14　结构光法测量系统示意图

由光学投射器投射的光束模式的不同，可以将结构光模式分为以下几种：

(1)点结构光模式　如图 2.15(a)中，激光器投射出的光束打在物体表面产生光点，光点沿着摄像机的光路在摄像机像平面上形成一个二维像点。光束线与摄像机的视线两者在空间之中交于光点处，由此可以形成一种简单的三角几何关系。通过一定的标定方法可以获得这种三角几何关系的约束条件，进而可以唯一确定某一个已知世界坐标系下的空间中光点的三维坐标。利用点结构光模式的非接触式测量方法进行测量具有处理简单可靠，可以满足在线检测中实时、快速要求的优点，但是利用该方法需要使用光点对待测物体进行二维扫描，每次只能够获得物体表面上一个点的信息，信息量少。

(2)线结构光模式　如图 2.15(b)中，激光器将在空间中呈现平面状分布的光束投射到被测物体表面，其与被测物体相交，在被测物体的表面形成一亮条。该测量方法是点结构光的一个扩张，通过摄像机光心的视线束在空间中与激光光平

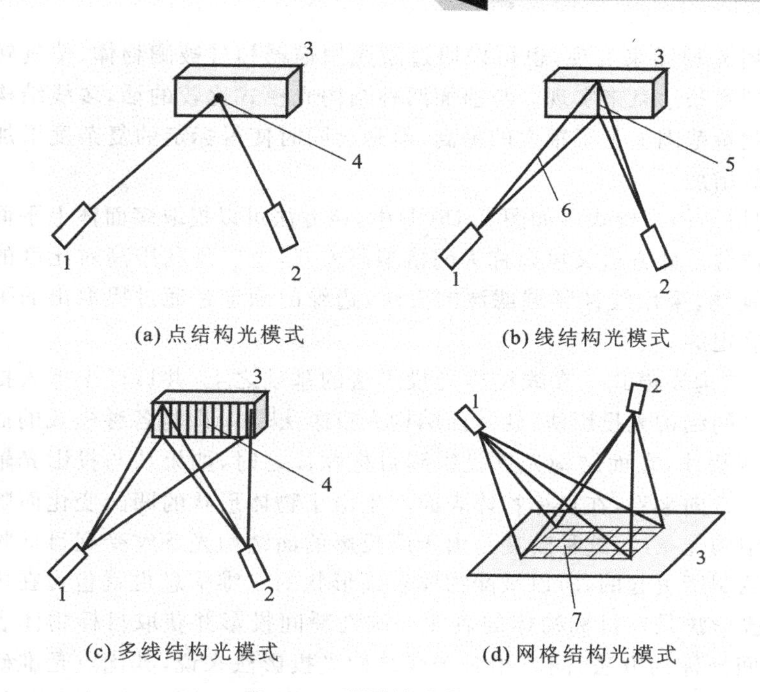

(a) 点结构光模式　　(b) 线结构光模式

(c) 多线结构光模式　　(d) 网格结构光模式

图 2.15　不同模式的结构光

1—激光器；2—摄像机；3—被测物体；4—光点；5—光条；6—光平面；7—光条网格

面会相交产生很多的角点，在被测物体的表面处的角点则是光条上众多的光点，因而可以形成如点结构光模式中那样类似的众多的三角几何的约束。

线结构光测量的主要任务就是要从畸变的光条图像信息中获取到被测物体表面的三维信息。由于物体表面的光条与激光器所投射的光束之间存在已知的对应关系，因此可以由空间中的一个平面(也就是光平面)和与之非平行的一条直线唯一确定世界坐标系下的空间中的一点的坐标。如果想要得到整个被测物体的三维信息，就需要用光条对被测物体进行一维扫描，也就是说，要控制好光束的扫描方法，以此来保证光平面可以扫过整个被测物体的表面。可以看出，线结构光法不但具有处理简单、可靠的优点，而且可以由一次的投射光束到被测物体表面就可获取到光条上的三维信息，测量速度要比点结构光法快速，并且获取到的信息量大大增加，实现的复杂性并没有增加，因此此法得到了广泛的应用。

(3)多线结构光模式　如图 2.15(c)中，该模式的结构光是光带模式结构光的一种扩展。由激光器向被测物体的表面投射出多条光条，这样做的目的主要是从两个方面来考虑的。一方面是为了提高图像的处理效率问题，通过一次多投出几条光条的方法，使得在一幅图像中能够捕捉到多条光条；另一个方面是为了增加信息量来考虑，通过一次投射多条激光光条的方法，使得多光条覆盖到被测物体的表面以此来增加测量的信息量，以便能够获得被测物体表面更大范围的深度信息。此方法也是所谓的“光栅结构模式”。多光条的投射一般采用的是使用幻灯投影仪投射光栅图来实现，也可以通过激光扫描器扫过被测物体，使旋转镜的每个位置得到光条信息来实现。与前面两种结构光模式比较的话，多线结构光模式从效率和测量范围上有了很大的提高，但是会同时使得标定的复杂度增加和光条匹配问题的增加。

(4)网格结构光模式　如图 2.15(d)中，该方法可以提取多面体上平面区域上的方向和位置。此方法又可以称为网格编码模式，主要是利用高对比度的方形网格来照明视场，采用线性频域滤波的方法，边缘的确定是通过提取出的平面之间的交线来确定的。

(5)面结构光模式　在线结构光投影法的基础之上，井口征士等人提出了一种更为优越的结构光投影法，就是面结构光投影法[26]。即将各种模式的面结构光投影到被测物体，在面结构光被投影到目标物体之时，如果从与投影光轴方向不同的观测点方向来看，在目标物体表面产生由于物体形状的凹凸变化而随之发生畸变的面结构光条纹，这种畸变是由于所投影的面结构光条纹受到目标物体的表面形状的调制所引起的，所以被测物体表面形状的三维信息也就包含在内。基于面结构光投影法是在目标物体的表面一次性瞬间投影并获取目标物体表面形状的三维空间坐标的方法，同时相对于线结构光投影法来说，其优点是准确和快捷以及高数据空间分辨率等。所以，它是结构光投影法以后发展的必然趋势。

一个完整的面结构光三维测量系统，主要包括系统参数标定和解相位方法两方面。面结构光法属于相位测量法，而解相位的结果直接关系到相位测量法的测量精度和测量速度，所以如何正确且快速地解相位是提高物体三维测量系统性能的关键。解相位主要有时域和空域两种方法[27]。

①时间编码。

与空间编码和直接编码相比较而言，时间编码成为面结构光物体三维测量技术的发展趋势，具有高分辨率和高准确度的优点。按时间先后顺序将多个不同编码条纹图案投射到被测物体表面上，采集对应的编码条纹图案序列，将编码条纹图案序列组合起来进行解码。因为编码条纹图案的码字是按时间先后顺序组合形成的，因此称为时间编码，如图 2.16 所示。这种编码方式是一种测量速度较快、分辨率较高、测量误差小的编码方式。时间编码方法可划分为以下三种：二值编码、多灰度级编码以及组合编码。

二值编码是将二进制编码条纹图案投射到被测物体表面上。码字为 0 和 1，投射 m 幅条纹图案对应 2^m 个码值。这种编码方式大大减少了解码错误，提高了测量速度，减少了工作量。但该方法要求每次投射编码条纹图案时的物体位置和投射空间位置固定不变。

多灰度级编码分为 N 值编码和相移法。N 值编码是通过增加灰度级数量进行编码的方法。由此可知 N 值编码可大大减少投射图案数量，提高编码效率。相移法是通过对正弦光栅条纹图案进行移相得到 N 幅光栅条纹图案，经 N 幅投射

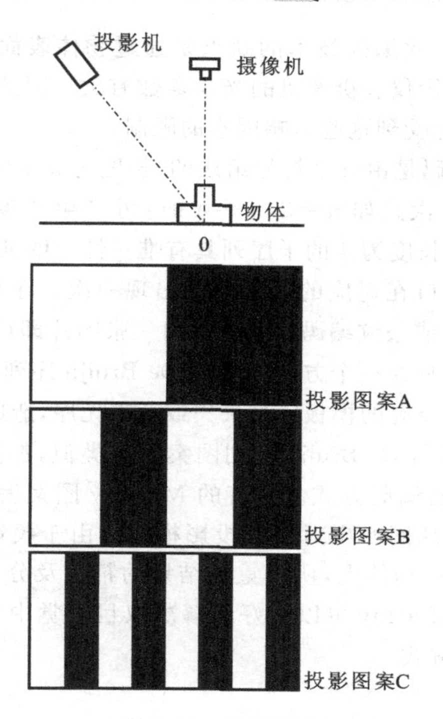

图 2.16 时间编码

光栅条纹图案调制，来获取被测物体表面的相位，然后以三角法为基础的三维测量原理完成相位-高度的转换。相移法是一种高精度、高分辨率的三维测量技术，相邻点的光强值不会影响到原理上某一点的相位值，从而可避免因物体表面不均匀引起的误差，而且该方法还可以获取绝对相位，并能有效解决物体三维测量中表面变化不均匀、分布不规则以及变化量微小等情况下的问题。

组合编码是将上述几种编码方法进行组合。该方法综合了各自的优点，因此能够使得分辨率和准确度等三维测量技术指标同时获得提高。

②空间编码。

将所有编码信息压缩至一幅图案，并将此幅编码图案与编码方式对照进行解码。该方法适合于动态三维测量，但在处理速度和分辨率上还无法满足物体三维测量的要求，而且编码图案易受到被测物体表面特性不同的影响，发生译码错误，导致三维轮廓测量失败。与时间编码相比，空间编码三维测量的分辨率较低。空间编码主要包括 3 种编码方式：非正式编码、基于 De Bruijn 序列编码、基于 M-array编码。

不需要使用任何数学编码理论就可以生成不同的码字称为非正式编码。例如，将二进制编码图案随机分割成片段来测量物体表面的高度信息。片段和其周围毗邻的 6 个片段长度决定了这些片段位置。解码过程的实现是根据观察相同长度的片段来进行多次匹配，首先找到所有好找的匹配，然后用区域来解决其余没有找到匹配的片段。此编码技术的缺点是通过物体表面和摄像机的距离来决定片段的长度，并与投影仪和摄像机的光学参数有关。因此系统的稳定性和可靠性必然会在一定程度上受到这些影响因素的限制。

De Bruijn 序列编码是由 n 个符号组成的，长度为 n^m 的循环字符串，其中长度为 m 的子串只出现一次。如 $n=2,m=4$ 时，可产生长度为 24 的循环字符串 1000010111101001，即长度为 4 的子序列具有唯一性。De Bruijn 序列图案编码具有窗口唯一性，每个窗口在对应的序列中只出现一次。在物体三维测量中，基于颜色的 De Bruijn 栅格或条纹编码方式只使用一张图片即可获得高精度和高分辨率的测量结果。但是，只在一个方向上使用 De Bruijn 序列时，当模板投射至阴影或自封闭表面后，引起原有的模板信息丢失或变得无序，造成解码困难。

M-array 图案编码与 De Bruijn 序列图案编码类似，都具有窗口的唯一性，所不同的是前者为二维的编码方式。现有的 M-array 图案编码通常用不同的符号代替 M-array 中的元，从而产生对应的投影模板。由于投影仪等硬件限制，不能将投影模板投影到微小物体上，所以重建结果的精度及分辨率不高，适用于大尺寸动态场景的检测。M-array 可以很好地解决双目视觉中点匹配的难题，是空间编码中比较好的编码方式。

③直接编码。

直接编码方法是对每个像素都进行编码，这样就需要引入大量的颜色和周期性的色彩使用值来得到高分辨率的投影图案。但是，由于编码颜色之间比较接近，因此对于噪声的灵敏度较高。直接编码一般是唯一的一幅图案，所用颜色或灰度的频谱相当宽，必须增加参考图案的投射，以便区分所有的投射颜色或灰度。直接编码理论上可以达到高分辨率且适合动态测量，但编码图像识别困难，降低了测量准确度。当投影多个图案时，该编码方法不适合动态场景。此外，测量表面颜色会影响图案颜色，因此直接编码的应用范围通常仅限于灰白色或中性颜色目标物。直接编码能达到较高的空间分辨率，但深度的变化、投影仪颜色带宽或测量表面颜色、摄像机误差及噪声敏感性能会制约系统的应用场合和测量精度。

2.3 3D 测量技术的应用

三维测量技术有接触式测量和非接触式测量两种方式，两种方式各有各的优势，因此它的应用前景比较广泛，主要应用在自动化的工业生产线、对于视觉的导航、对现实的虚拟，以及医学上的美容整形和对历史文物进行修复等领域[8]。

2.3.1 工业领域的应用

三维扫描仪是一种快速的立体测量装置，能够用来对样品和模型进行扫描，从而得到它的立体尺寸数据，同时这些数据可以与 CAD/CAM 软件接口，并在 CAD 系统中对测得的数据进行调整与修补，然后送到成品制造中心或者是迅速成型装置上进行制造，这样就能够极大地对成品的制造周期进行缩短。对零件的测量和对产品的尺寸进行确定，在工业生产中是不可缺少的工作，除了对许多经常性需要测量的长度以及直径等进行测量以外，许多情况下，要求对非规则形状的目标物体的外部形状或者是不定数点进行精度比较高的三维测量。这一块的工作过去主要是依靠三坐标测量机，它的精度虽然高，但是价格比较贵，操作起来也比较复杂，尤其是当被测物体的形状比较复杂的时候，测量的速度就比较慢，从而不可以用于在线测量。现代光学扫描仪能够快速测量被测物体表面上的每一个点的三维坐标，从而获得物体的立体尺寸，实现了物体三维形状的快速在线测量。如图 2.17(a)所示为三维重构后的筒节模型。它是首先通过激光扫描仪扫描锻件表面的信息，将获得的扫描仪到锻件表面的距离信息转化为坐标信息，然后进行点云拼接、数据精简和曲面重构处理，最后导入到 SolidWorks 软件中构建锻件的三维模型。如图 2.17(b)所示为锻件截面图，从三维模型中提取截面图，根据建模的比例大小测得测量面的详细尺寸，实现了锻件外形尺寸的在线测量[28]。

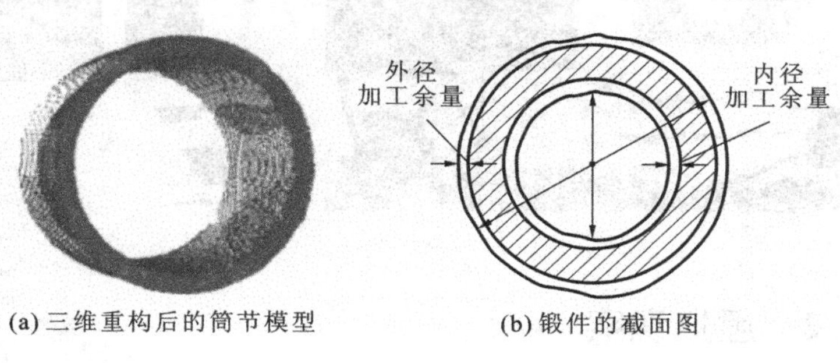

(a) 三维重构后的筒节模型　　(b) 锻件的截面图

图 2.17　锻件的在线测量

20 世纪 80 年代，美国已经采用了以结构光技术为基础的三维扫描装置对车床上的零件进行了检测。当车床上的被测零件通过测量装置时，三维扫描仪可以非常迅速地得出被测零件的三维空间坐标，最后将测得的数据输入到计算机中和标准的数据进行比较，它的测量精度已经能够达到 0.02 mm。到了 90 年代之后，欧洲与美国很多有名的汽车制造公司和机械设备的加工生产公司都采购了三维扫描仪，使得其作用于对产品外形与零件的快速测量。同时日本的电子公司在选取对集成电路板进行测量的装置时，主要采用的是体积较小的三维扫描仪，而且美国的国家宇航局在进行仿真实验等其他研究时也主要是采用此装置。

逆向工程(reverse engineering，RE)可以看作为快速制造系统的一个关键环节。其中逆向工程技术是 20 世纪 90 年代前期出现在比较先进的制造领域里的一个新技术，也可以被称为反求工程或者反向工程。它是指在无任何图纸或是设计的图纸不全，同时没有CAD模型的条件下，对产品或者零件的实物进行测量和数据处理，在这个基础上构造出产品或者零件的CAD模型，并且在这个基础上进行再次设计的过程。换句话说，逆向工程就是在根据零件原型的基础上生成图样，然后制造产品，也就是从实物到数字模型的过程，这也正是三维测量的研究内容。如图2.18所示为采用光栅投影技术进行逆向工程的实例。

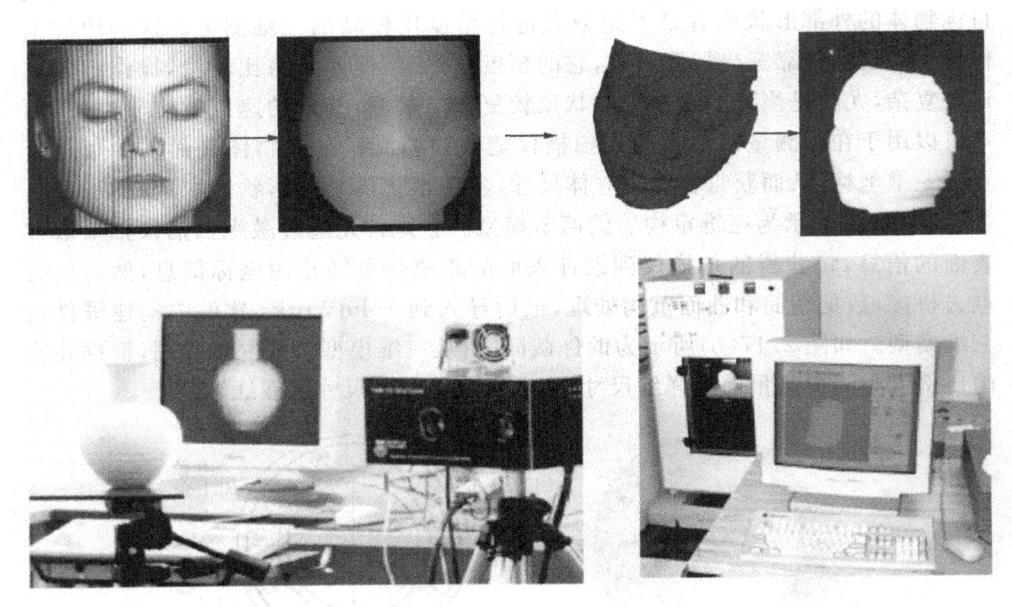

图2.18 光栅投影逆向工程实例

2.3.2 虚拟现实

在仿真系统与虚拟现实以及对演播室进行虚拟的系统中，要想达到以上要求就必须具有大量的三维彩色模型，单是依靠人工去重建既费时又费力，同时要求的真实感相对来说比较差。同样Internet上的VRML技术要是没有足够的三维彩色模型，就没有任何作用，但是三维彩色扫描技术则能够提供此种系统所需要的和现实世界完全相同且大量的三维彩色模型数据。通过光学三维测量技术对现实进行虚拟的作用主要为其能够在现实世界中比较可靠地、非间接地、高精度地以及数字矢量化地获取到三维场景中的实际三维测量结果，从而使得以前虚拟现实技术中的模拟视景发展成三维精确数字化的仿真式视景。例如使用三维测量技术对城市的某一区域进行测量，获得该区域地面情况的三维信息，利用这些数据，可在计算机中建立该区域的三维形貌地图。三维地图可以提供给观看者更多的信息，三维测量技术使得三维地图的创建过程非常方便。如图2.19所示，其中图(a)为采用虚拟技术获得的某一城市的三维景色，图(b)为某一楼盘的虚拟三维场景。

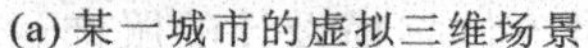

(a) 某一城市的虚拟三维场景　(b) 某一楼盘的虚拟三维场景

图 2.19　虚拟三维场景

2.3.3　文化遗产保护

在自然灾害和经济建设以及旅游开发等环境因素的影响下，很多珍贵的稀有文物的遗址已经处于将要消失或者正在消失的境地。因此要去保护这些珍贵文物已经迫在眉睫。而三维彩色扫描技术可以在不损伤珍贵文物的同时获取到文物的外部尺寸与表面的色彩以及纹理，对三维彩色进行复制。所有信息能够全部完整地记录下来，不会像拍摄到的照片只显示出被测物体上的被拍摄到的几个侧面图像，同时此信息内容方便长时间去保留、拷贝、重现和检查阅读，使得研究者可以在不用直接接触文物的情况下对其进行比较直观的研究，所有的这些都是传统的照相技术等方式所不能达到的。有了这些信息，同时也给文物的复制带来了便利。有的国家的自然历史博物馆中的文物扫描就是通过三维扫描仪完成的，然后通过虚拟现实系统将空间三维彩色数字模型传输到系统中，从而构建出虚拟博物馆，让参观的人们仿佛进入远古时期。图 2.20 为文物的扫描与重建。

图 2.20　文物扫描与重建

2.3.4　服装制作

对于一般的服装设计生产大多是根据标准尺寸去成批制作的。然而随着人们生活质量的提高，要求也越来越多，不仅要设计的服装样式新颖、有个性，还要能够适合自己的身材尺寸。三维扫描仪就可以迅速地测出人体的外形尺寸，获得立体彩色模型，然后将这些数据和服装CAD的技术相结合，通过计算机的数字化人体模型，依据人们的具体外形尺寸对个性化的服装进行设计，从而设计出独一无二的服装，而且能够在电脑上直接欣赏最终的着装效果。整个过程不仅速度快而且效果好。美国的Armatrong实验室已经将Cyberware的三维扫描仪用于高级战斗机飞行员的服装设计领域。图2.21为通过人体扫描设计的服饰。

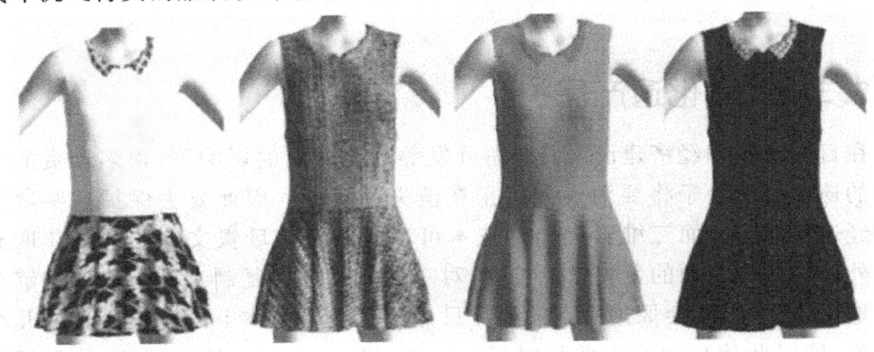

图2.21　通过人体扫描设计的服饰

2.3.5　其他应用

三维扫描技术不仅仅局限于以上范围的应用，目前在医疗、美容模具制作、考古、刑事侦查等相关领域都得到了较大的发展及应用。基于三维扫描技术的相关仪器可以准确完成被测物体每一部分的测量数据，例如可以通过三维扫描仪完成假肢的制作，可以协助牙科医生完成口腔的修复及完成相关治疗。通过人类或者其他生物的骨骼还原生物本来的面目，此过程仅仅需要利用三维扫描仪器将骨骼信息采集到系统中，用来作为恢复生物原始面貌的基础数据，然后系统通过数据处理就能够完成对生物原始面貌的恢复。

模块3 接触式3D测量技术

3.1 坐标测量技术概述

3.1.1 坐标测量技术简介

1. 坐标测量技术的发展

由于零件加工尺寸精度要求的不断提高，对于检测设备的要求也不断提高。随着计算机技术的快速发展，20世纪60年代发展起来的一种新型、高效的精密测量仪器——坐标测量机(coordinate measuring machine,CMM)。实现了复杂机械零件的测量和空间自由曲线曲面的测量。它的出现，一方面是由于自动机床、数控机床高效率加工以及越来越多复杂形状零件加工需要有快速可靠的测量设备与之配套；另一方面是由于电子技术、计算机技术、数字控制技术以及精密加工技术的发展为三坐标测量机的产生提供了技术基础。

1960年，英国FERRANTI计量公司可能是第一个研制成功采用计算机辅助的坐标测量机制造商，如图3.1所示是一台悬臂结构的坐标测量机，配置了坐标轴的数显装置和硬测头。到20世纪60年代末，已有近十个国家的三千多家公司在生产CMM，不过这一时期的CMM尚处于初级阶段。进入20世纪80年代后，以ZEISS、LEITZ、DEA、LK、三丰、SIP、FERRANTI、MOORE等为代表的众多公司不断推出新产品，使得CMM的发展速度加快。并革命性地将电子技术与测量技术集成在一起，具备了现代意义的接触式探测系统、标准计算机接口、测量软件、动力驱动系统和控制面板等。

图3.1 FERRANTI公司1960年研制的三坐标测量机

现在的高端坐标测量系统具有高精度计量特征和全自动操作功能的测量系统，不仅能在计算机控制下完成各种复杂测量，而且可以通过与数控机床交换信息，实现对加工的控制，并且还可以根据测量数据，实现反求工程。

目前，坐标测量机已广泛用于机械制造业、汽车工业、电子工业、航空航天工业和国防工业等各部门，成为现代工业检测和质量控制不可缺少的万能测量设备。

2. 坐标测量技术与传统测量手段的对比

任何形状都是由空间点组成的，所有的几何量测量都可以归结为空间点的测量，因此精确进行空间点坐标的采集，是评定任何几何形状的基础。坐标测量机的基本原理是将被测零件放入它允许的测量空间，精确地测出被测零件表面的点在空间三个坐标位置的数值，将这些点的坐标数值经过计算机数据处理，拟合形成测量元素，如圆、球、圆柱、圆锥、曲面等，经过数学计算的方法得出其形状、位置公差及其他几何量数据[29]。

实际工作中，三坐标测量机点数据采集的实现是利用（有各种不同直径的形状和探头）接触探头逐点捕捉样件表面的坐标数据。当探头上的探针沿样件表面运动时，样件表面的反作用力使探针发生形变，这种形变由连接在探针上的三坐标方向的弹簧产生的位移反映出来，并通过传感器测量出其大小和方向，再通过数模转换，由计算机显示、记录所测的点数据，如图 3.2 所示为三坐标测量点的过程。

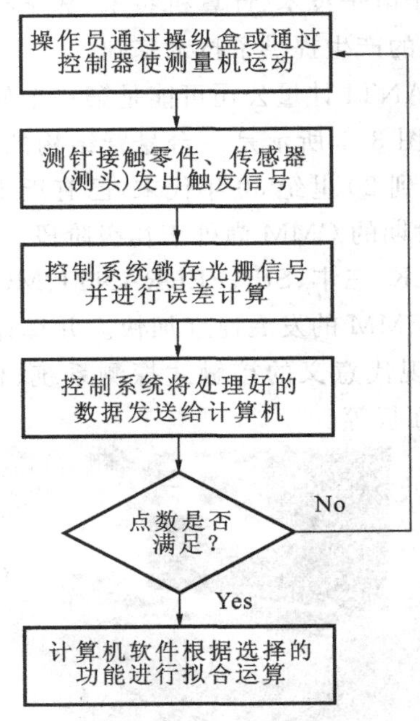

图 3.2　测量点的过程

在传统测量过程中，大多数的测量相互独立，需要相互独立完成测量并在不同的仪器、不同的设置、不同的坐标系下完成：比如长度测量比较仪、形状测量仪、角度测量仪，以及齿轮齿距、角度、螺旋线测量仪器等，并将块、环规、直线量规以及齿轮螺旋线与齿距样板作为参考基准，而坐标测量机是利用工件的数学模型进行比较。

坐标测量机作为一种精密、高效的空间长度测量仪器，它能实现许多传统测量器具所不能完成的测量工作，其效率比传统的测量器具高出十几倍甚至几十倍。而且坐标测量机很容易与CAD连接，把测量结果实时反馈给设计及生产部门，借以改进产品设计或生产流程。

传统测量仪器是将被测量和基准进行比较测量不同的过程，坐标测量机的测量实际上是基于空间点坐标的测量和计算。传统测量和坐标测量技术在具体运用和操作过程中，都存在有许多各自的特点，如表3.1为这两种测量技术的比较[30,31]。

表3.1 传统测量和坐标测量的比较

比较内容	传统测量	坐标测量
测量精度	当使用专用测量工具时，单个几何特征不确定度可能更小	由于测量原理、方法与规范等方面的原因，单个几何特征的测量不确定度不容忽略
操作规范	已有相应的检测与误差评定规范和方法	尚未形成完整的检测与误差评定规范和方法
被测工件定位要求	在几何特征方向和位置误差测量时，需根据检测规范，将工件精确定位	测量中的工件无须精确定位
对工件的适应性	测量复杂工件需使用专用测量工具或做多工位转换，准备和测量过程复杂，对测量任务变化的适应性差	凭借测量程序、探针系统（组合）和装夹系统的柔性，能快速面对并完成不同的测量任务
评定的基准	通过基准模拟和基准体系的建立，将工件直接与实物标准器或标准器体系比较并进行误差评定	通过对基准的拟合和基准体系的建立，将被测工件与理论模型比较并进行误差评定
测量功能	尺寸误差和几何误差需使用不同的工具进行测量评定	尺寸误差和几何误差的测量与评定可在一台仪器上完成
测量结果特点	测量结果相互独立，很难进行综合处理	能方便地生成一体化、较完整的测量或统计报告
操作方式	以手工测量为主，数据稳定性保证困难，工作效率低	通过编程实现自动测量，数据稳定，工作效率高，特别适用于批量测量
测量时间	准备与测量操作时间较长，特别是批量测量时	准备与测量时间较短，特别是批量测量时
从业人员要求	对测量人员的技能水平要求高	对测量人员的综合技术素养要求高

3. 坐标测量技术的应用

与传统测量技术相比，坐标测量技术具有极大的万能性，同时方便进行数据处理及过程控制。因而不仅在精密检测和产品质量控制上起到关键作用。坐标测量机作为一种高效率的精密几何量检测设备，在推动我国制造业的发展方面起着越来越重要的作用。尤其是在我国的汽车工业、模具、造船等产业逐步走上核心技术自主研发阶段，坐标测量更是企业技术进步、易于自动化的技术保障，其需求和应用领域不断扩大，不仅仅局限于机械、电子、汽车、飞机等工业部门，在医学、服装、娱乐、文物保存工程等行业也得到了广泛的应用[32]。

从机械设计初期所涉及的数字化测绘，到机械加工工序的测量，再到验收测量和后期的修复测量；从小尺寸工件到汽车类和航天航空行业的大型工件测量，高精密测量设备无处不在，下面以模具行业、汽车行业、机械制造行业的应用介绍，说明坐标测量技术的优劣。

(1)在模具行业中的应用。

三坐标测量机在模具行业中的应用相当广泛，它是一种设计开发、检测、统计分析的现代化的智能工具，更是模具产品无与伦比的质量技术保障的有效工具。测量机能够为模具工业提供质量保证，是模具制造企业测量和检测的最好选择。

(2)在汽车行业的应用。

汽车零部件具有品质要求高、批量大、形状各异的特点。根据不同的零部件测量类型，主要分为箱体、复杂形状和曲线曲面三类。坐标测量机具有高精度、高效率和万能性的特点，是完成各种汽车零部件几何量测量与品质控制的理想解决方案。

(3)在机械制造行业的应用。

例如，发动机是由许多各种形状的零部件组成的，这些零部件的制造质量直接关系到发动机的性能和寿命。因此，需要在这些零部件生产中进行非常精密的检测，以保证产品的精度和公差配合。在现代制造业中，高精度的综合测量机越来越多地应用于生产过程中，使产品质量的目标和关键渐渐由最终检验转化为对制造流程进行控制，通过信息反馈对加工设备的参数进行及时的调整，从而保证产品质量和稳定生产的过程，提高生产效率。

坐标测量技术不仅可以用以对工件的尺寸、形状和位置公差进行检测，同时，测量机具备强大的逆向工程能力，是一个理想的数字化工具。

逆向工程是利用从实体模型采集数据信息，并反馈到CAD/CAM系统进行设计制造的一个过程。逆向工程是解决直接从样件实现再造。建立那些已经遗失设计文件的工件设计文件以及结合现有的CAD模型进行设计改造的好方法。

通过坐标测量机提供的先进手段和方法，可有效地协助您完成逆向工程应用，通过利用坐标测量机，探测所要实现逆向工程设计的零件表面，利用专业软件对采集数据进行处理，生成该零件直观的图形化表示，进行有关设计更改，并经过性能模拟测试。这样，就大大缩短了设计时间，简化了零件的调整和评估时间。

如图3.3所示，具有强大CAD功能的Rational-DMIS、PC-DMIS通用测量软件，能够根据具体运用要求，采用接触式点触发测头或采用连续扫描测头，进行工件表面点的数据采集，并可采用多种方式实现采集点数据的输出，这包括利用通用的IGES格式或VDA格式进行测量数据的导出，以及与CAD/CAM系统的直接连接进行快速输出。

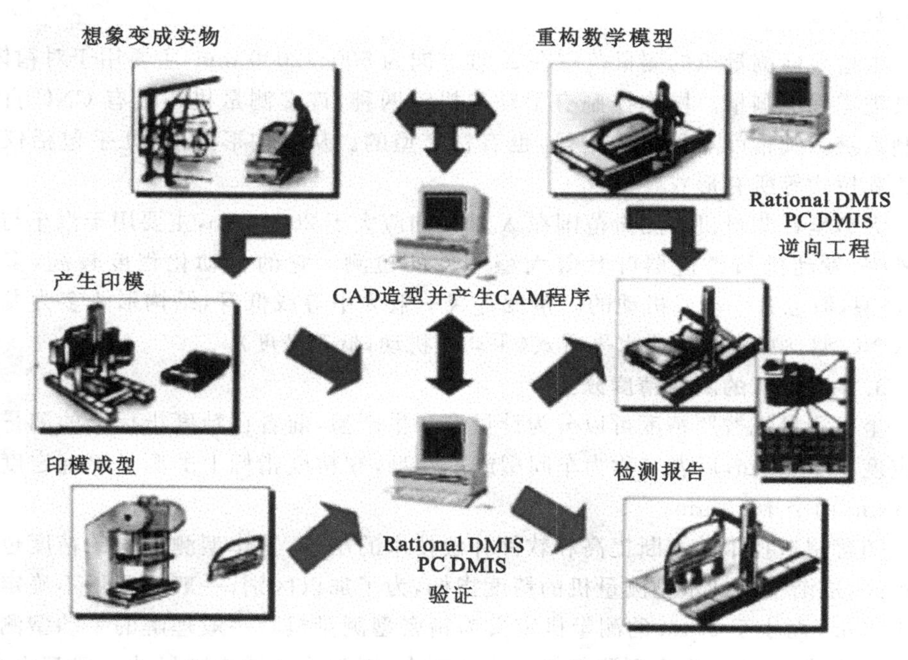

图3.3　Rational DMIS、PC DMIS逆向工程应用实例

3.1.2　坐标测量机分类

坐标测量机有不同的操作需求、测量范围和测量精度。为了满足不同行业的不同需求，坐标的种类有很多可供选择，企业要正确选择适合自己的坐标才能事半功倍。

坐标测量机发展至今已经经历了若干个阶段，从数字显示型，到带有小型计算机的测量机，直到目前的计算机数字控制(CNC)型。三坐标测量机的分类方法很多，但基本不外乎以下几类。

1. 按结构形式与运动关系分类

按照结构形式与运动关系，坐标测量机可分为移动桥式、固定桥式、龙门式、悬臂式、水平臂式、坐标镗式、卧镗式和仪器台式等。不论结构形式如何变化，坐标测量机都是建立在坐标系统之上的。

2. 按测量机的测量范围分类

按照坐标测量机的测量范围，可将其分为小型、中型和大型三类。小型坐标测量机主要用于测量小型精密的模具、工具、刀具与集成线路板等。这些零件的精确度较高，因而要求测量机的精度也高。它的测量范围，一般是 X 轴方向（即最长的一个坐标方向）小于 500 mm。它可以是手动的，也可以是数控的。常用的结构形式有仪器台式、卧镗式、坐标镗式、悬臂式、移动桥式与极坐标式等。

中型坐标测量机的测量范围在 X 轴方向为 500～2000 mm，主要用于对箱体、模具类零件的测量。操作控制有手动与机动两种，许多测量机还具有 CNC 自动控制系统。其精度等级多为中等，也有精密型的。从结构形式看，几乎包括仪器台式和桥式等所有形式。

大型坐标测量机的测量范围在 X 轴方向应大于 2000 mm，主要用于汽车与飞机外壳、发动机与推进器叶片等大型零件的检测。它的自动化程度较高，多为 CNC 型，但也有手动或机动的。精度等级一般为中等或低等，结构形式多为龙门式（CNC 型，中等精度）或水平臂式（手动或机动，低等精度）。

3. 按测量机的测量精度分类

坐标测量机按照精度可以分为计量型和生产型，前者在精度指标上的测量不确定度小于 1 μm，后者又称为车间型或工作型，在精度指标上的测量不确定度大于 3 μm 而小于 10 μm。

随着制造技术的不断提高和软件补偿技术的出现，工作型测量机的精度也不断提高，逐渐接近计量型测量机的精度指标，为了加以区别，一般将测量不确定度大于 1 μm 而小于 3 μm 的测量机定义为精密型测量机。一般理解的手动型测量机分为两种，一种是生产型测量机的手动版本，因为手动操作则尺寸一般都很小；另一种是划线测量机，其精度很低，一般在 50 μm 以上，主要用在大型的外覆上和毛坯的尺测量上。

这几种坐标测量机的区别主要在以下几个方面：

计量型测量机一般是作为计量器具的检定和误差的传递使用，材料一般选用稳定的材料，如花岗岩、工业陶瓷和碳纤维；生产型测量机主要用来测量机械加工件形成的公差，材料上一般选用花岗岩、钢材和铝材；手动划线机因为对精度要求不高，一般采用稳定性不好但是重量轻，而且容易加工的合金铝材料；精密型测量机介于计量型和生产型之间。

为了保证计量型测量机的测量精度，测量机的结构大多采用比较稳定而且能减少误差的结构，比如采用工作台移动光栅尺中置的结构；生产型坐标测量机一般采用桥式移动结构；而手动测量机和划线机为了手动操作方便，大多采用悬臂结构。

为了保证计量型测量机的精度，在传动上一般选用比较稳定的摩擦轮和齿轮齿条结构，以保证传动精度；生产型测量机为了兼顾精度和测量效率，一般采用齿轮或齿形带的传动方式；在导轨的选择上，高精度的测量机都采用了空气轴承，而划线机等低精度的测量机大多采用滑动轴承。

计量型测量机对环境要求很高，不仅要保证一定的环境温度，温度梯度也要保证，而且对环境中的灰尘也比较敏感。相对来说，生产型测量机对环境的要求就不那么高，但是，起码的条件要保证，例如空调、地基和封闭房间等。划线测量机主要在加工现场使用，对环境的要求不高。

计量型坐标测量机大多采用复杂的三向电感测头，其测头的技术含量高，甚至超过测量机本身，目前这种技术只有少数公司掌握。而生产型测量机一般都采用英国 RENISHAW 公司的标准工业测头配置，有自动型和手动型，对于手动型测量机只配置手动测头。

坐标测量机的精度在达到 1 μm 左右后，哪怕再提高 0.1 μm 也是非常困难的事情，往往会带来成本的巨大增加。同样行程的测量机，计量型的价格都成倍高于生产型测量机。

综上所述，在选择测量机上，不能一味地追求精度和性能，要适合所测尺寸的精度和实际环境的指标。在我们看来，一般测量机的不确定度数值小于或等于被测量机尺寸要求不确定度的 1/2 时，就可以选用。

3.1.3　坐标测量机常见的形式结构

三坐标测量机的机械结构最初是在精密机床基础上发展起来的。如美国 MOORE 公司的测量机就是由坐标镗→坐标磨→坐标测量机逐步发展而来的，瑞士的 SIP 公司的测量机是在大型万能工具显微镜→光学三坐标测量仪基础上逐步发展起来的。这些测量机的结构都是没有脱离精密机床及传统精密测试仪器的结构。从坐标测量机的结构形式来分，主要分为直角坐标测量机（固定式测量系统）与非正交系坐标测量系统（便携式测量系统）。

1. 直角坐标测量机

三坐标测量机的结构形式主要取决于三组坐标轴的相对运动方式，它对测量机的精度和适用性影响很大。常用的直角坐标测量机结构有移动桥式、固定桥式、悬臂式、龙门式等四类结构，这四类结构都有互相垂直的三个轴及其导轨，坐标系属于正交坐标系[33-35]。

（1）移动桥式结构。

移动桥式结构由四部分组成：工作台、桥架、滑架、*Z* 轴。

桥架可以在工作台上沿着导轨作前后方向平移，滑架可沿桥架上的导轨沿水平方向移动、*Z* 轴可以在滑架上沿上下方向移动，测头则安装在 *Z* 轴下端，随着 *XYZ* 的三个方向平移接近安装在工作台上的工作表面，完成采点测量。

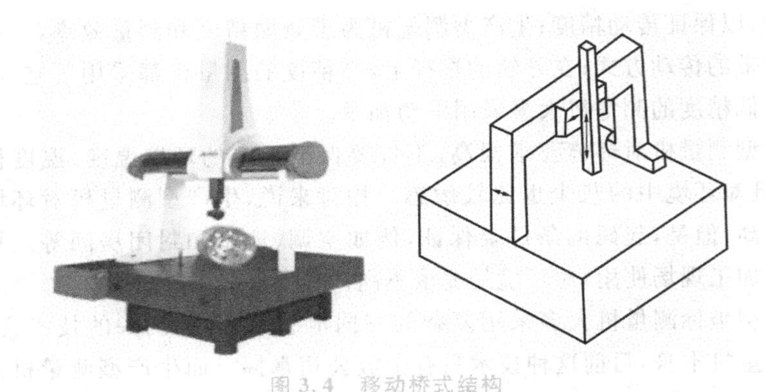

图 3.4　移动桥式结构

移动桥式结构(见图 3.4)是目前坐标测量机应用最为广泛的一类坐标测量结构,是目前中小型测量机的主要采用的结构类型,结构简单、紧凑,开敞性好,工件装载在固定平台上不影响测量机的运行速度,工件质量对测量机动态性能没有影响,因此承载能力比较大,本身具有台面,受地基影响相对较小,精度比固定桥式稍低。缺点是桥架单边驱动,前后方向(Y 向)光栅尺布置在工作台一侧,Y 方向有较大的阿贝臂,会引起较大的阿贝误差。

(2)固定桥式结构。

固定桥式结构(见图 3.5)由四部分组成:基座台(含桥架)、移动工作台、滑架、Z 轴。固定桥式与移动桥式结构类似,主要的不同在于,移动桥式结构中,工作台固定不动,桥架在工作台上沿前后方向移动,而在固定式结构中,移动工作台承担了前后移动的功能,桥架固定在机身中央不做运动。

高精度测量机通常采用固定桥式结构。固定桥式测量机的优点是结构稳定,整机刚性强,中央驱动,偏摆小,光栅在工作台的中央,阿贝误差小,X、Y 方向运动相互独立,相互影响小;缺点是被测量对象由于放置在移动工作台上,降低了机器运动的加速度,承载能力较小;操作空间不如移动桥式开阔。

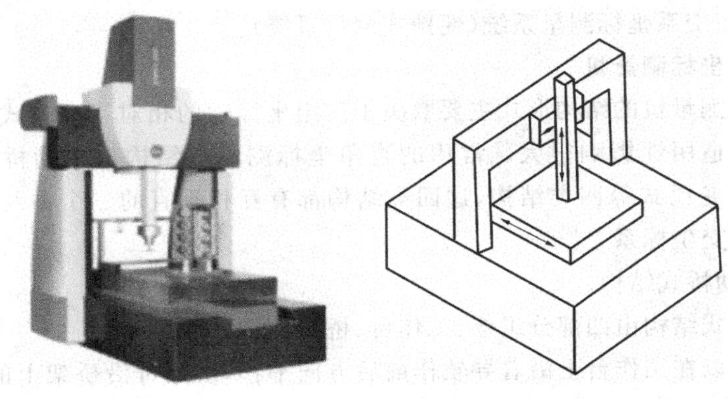

图 3.5　固定桥式结构

(3)水平悬臂式结构。

水平悬臂式结构(见图3.6)由三部分组成:工作台、立柱、水平悬臂。

立柱可以沿着工作台导轨前后平移,立柱上的水平悬臂则可以沿上下和左右两个方向平移,测头安装于水平悬臂的末端,零位 $A(0°,0°)$ 水平平行于悬臂,测头随着悬臂在三个方向上的移动接近安装于工作台上的工件,完成采点测量。

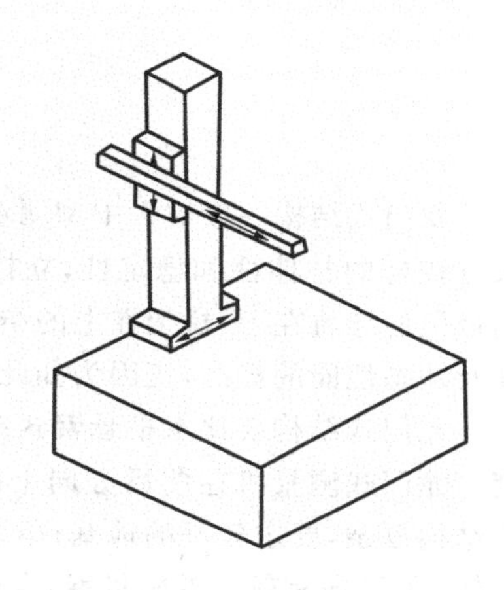

图3.6　水平悬臂式结构

与水平悬臂式结构类似,还有固定工作台水平悬臂、移动工作台水平悬臂两类结构,只不过,这两类悬臂的测头安装方式与水平悬臂不同,测头零位 $A(0°,0°)$ 的方向与水平悬臂垂直。

水平悬臂测量机在前后方向可以做得很长,目前行程可达10 m以上,垂直方向即 Z 向较高,整机开敞性比较好,在汽车行业应用广泛。

优点:结构简单。开敞性好,测量范围大。

缺点:水平臂变形较大,悬臂的变形与臂长成正比,作用在悬臂上的载荷主要是悬臂加测头的自重;悬臂的伸出量还会引起立柱的变形。补偿计算比较复杂,因此水平悬臂的行程不能做得太大。在车身测量时,通常采用双机对称放置,双臂测量。当然,前提是需要在测量软件中建立正确的双臂关系。

(4)龙门式结构。

龙门式结构(见图3.7)基本由四部分组成:在前后方向有两个平行的被立柱支撑在一定高度上的导轨,导轨上架着左右方向的横梁,横梁可以沿着这两列导轨做前后方向的移动,而 Z 轴则垂直加载在横梁上,既可以沿着横梁做水平方向的平移,又可以沿着竖直方向上下移动。测头装在 Z 轴下端,随着三个方向的移动接近安装于基座或者地面上的工件,完成采点测量。

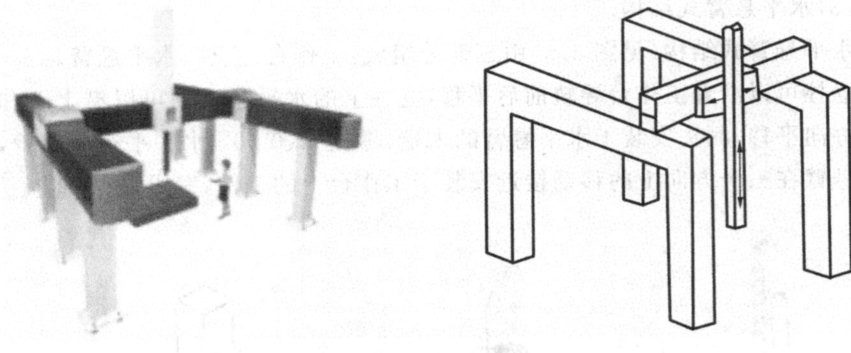

图 3.7　龙门式结构

龙门式结构一般被大中型测量机所采用。地基一般与立柱和工作台相连，要求有较好的整体性和稳定性；立柱对操作的开阔性有一定的影响，但相对于桥式测量机的导轨在下、桥架在上的结构，移动部分的质量有所减小，有利于测量机精度及动态性能的提高，正因为如此，一些小型带工作台的龙门式测量机应运而生。

龙门式结构要比水平悬臂式结构的刚性好，对大尺寸测量而言具有更好的精度。龙门式测量机在前后方向上的量程最长可达数十米。缺点是与移动桥式相比结构复杂，要求较好的地基；单边驱动时，前后方向（Y 向）光栅尺布置在主导轨一侧，在 Y 向有较大的阿贝臂，会引起较大的阿贝误差。所以，大型龙门式测量机多采用双光栅、双驱动模式。

龙门式坐标测量机是大尺寸工件高精度测量的首选。适合于航空、航天、造船行业的大型零件或大型模具的测量。一般都采用双光栅、双驱动等技术，提高精度。

2. 非直角坐标测量机

直角坐标的框架式三坐标测量机的空间补偿数据模型，具有精度高，功能完善等优势，因而在中小工业零件的几何量测量检测中至今占有绝对优势地位，但是由于不便于携带和框架尺寸的限制（目前世界最长的框架式测量机行程为 40 m，最宽的为 6 m），对大尺寸的测量、现场的零件测量、较隐蔽部位的测量任务，它的应用受到了限制。便携式测量系统的出现，迎合了该类需求[36-38]。

因此在直角坐标测量概念的基础上，开发出非直角坐标测量系统——便携式测量系统。便携式测量系统有如下特点：

①结构上突破直角框架的形式。

②在坐标系上更多地应用矢量坐标系或球坐标系。

③在探测系统上除了传统的接触式探测系统，更多地应用非接触探测系统视频或激光甚至雷达系统。

④由于计时系统的精确性大大提高，现在常常把距离的测量变为时间间隔的测量。

⑤重量轻,便于携带。

这里主要介绍关节臂测量机和激光跟踪仪结构。

(1)关节臂。

关节臂测量机是由几根固定长度的臂通过绕互相垂直轴线转动的关节(分别称为肩、肘和腕关节)互相连接,在最后的转轴上装有探测系统的坐标测量装置,如图3.8所示。

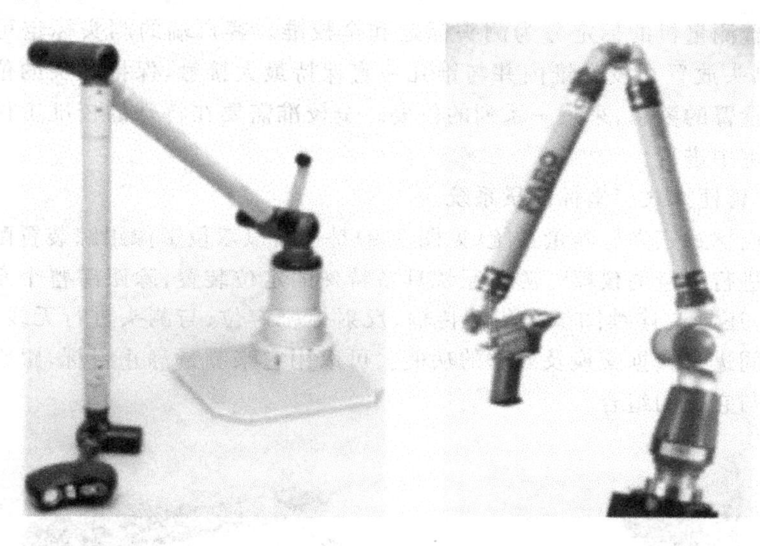

图3.8 关节臂测量机

测头分为接触式或非接触式,接触式测头可以是硬测头或触发测头,适应于大多数测量场合的需要;对于管件类工件可采用专门的红外管件测头;逆向工程时可配激光扫描测头。很明显它不是一个直角坐标测量系统,每个臂的转动轴或者与臂轴线垂直,或者绕臂自身轴线转动(自转),一般用三个“-”隔开的数表示肩、肘和腕的转动自由度,例如图3.8可以有a0-b0-d0-e0-f0和a0-b0-c0-e0-f0-g0角度转动。

为了适应当前情况,关节数一般少于8,目前一般为手动测量机,以常见的六自由度关节臂测量机为例,它由五部分组成:便于固定在平台上的磁力底座或者移动式三脚架、碳纤维臂身、六个旋转关节及测头系统、平衡机构、控制系统(含电池),有的还配有WiFi无线通信模块。

关节臂测量机的底座、测量臂和测头形成的连杆机构通过关节连在一起,为开环的空间连杆结构。关节的旋转角度通过圆光栅与读数头的相对旋转角得出,每一个空间位置和姿态的测头坐标值是由各连杆机构通过齐次左边变换计算出来的。使用增量型编码器的关节臂测量机每次开机时各轴都需要回零,确立各旋转轴的相对位置。现在已经有了使用绝对编码器的关节臂测量机,开机就可以直接测量。

与桥式坐标测量机相比，关节臂测量机精度有限，测量范围（空间直径）可达 5 m。另外采用软件的方式如蛙跳，硬件的方式如直线导轨来延长关节臂的测量范围。关节臂测量机具有对环境因素不敏感、轻便和对场地占用小的特点，非常适合室外测量和被测工件不便移动的情况，广泛用于车间现场如焊装夹具的测量。

关节臂测量机的标定分为测头标定和全校准。客户端的测头标定可以采用锥形孔，测头放置在校准锥内并与锥孔一直保持最大接触，保持测头的位置不变只改变测量臂的姿态，采集一系列的位姿。全校准需要在特殊的校准工件上以及几何计量室中进行。

(2)无臂便携式三坐标测量系统。

无臂便携式三坐标测量系统（见图 3.9）是一台以双位影像跟踪装置配以手持测量光笔进行测量的仪器。测量系统具备特殊的定位装置，除跟踪整个系统的参考模型外，还具有连续图像采集和传输、反射标靶定位、与测头进行无线通信、与计算机之间进行数据交换及处理的功能。可以用它来测量静止目标，跟踪和测量移动目标与它们的组合。

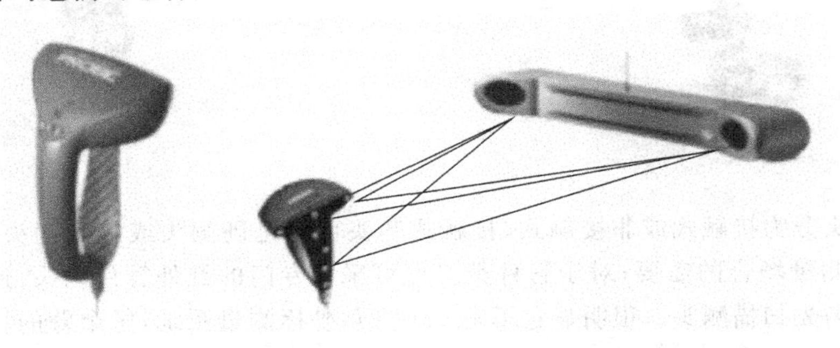

图 3.9　无臂便携式三坐标测量系统结构

操作员可选择使用动态参考模式，这样可在测量过程中同时移动双位影像传感器与待测部件，从而不会影响精度或测量轨迹。该系统尤其适用于现实工作环境与场所，测量无死角，且即使环境产生震动都无须重新校准测头或重建坐标系。

手持、无臂式设备与无线数据传输的特点，使用户可以自由围绕着待测部件移动设备。自动对齐功能可通过反射光靶高速连续呼唤测量多个部件。手持部件轻便，仅重 450 g，即使长时间作业，也不会产生肌肉和骨骼酸痛。与其他便携式 CMM 系统相比，无臂便携式三坐标测量系统可提供更大的基础测量范围。此外，可动态扩展测量范围，而不会降低精度，无须任何常见的蛙跳，也无须额外对齐设置。操作员移动部件或双位影像传感器后，无须重新校准测头来重新对齐数据，从而减少重建设置，避免误差累积。

图 3.10　无臂便携式三坐标测量系统进行整车测量

无臂便携式三坐标测量系统在超大尺寸工件现场测量(见图 3.10)中，如飞机组装、汽车组装中应用广泛，均可对部件、零件及复杂装配进行检测或逆向工程，同时兼具无与伦比的精度、灵活性和适用性。3D 数据采集速度可达 30 点/秒，单点测量精度达到 25 μm。

(3)手持式扫描仪。

手持式扫描仪是便携式测量设备的一种，是继基于三坐标测量机激光扫描系统，继柔性测量关节臂的激光来获取物体表面点云，用视觉标记(圆点标记)来确定扫描仪在工作过程中的空间位置。手持式扫描仪具有灵活、高效、易用的优点，适合于外貌轮廓检测，如图 3.11 所示。

图 3.11　手持式扫描仪检测汽车模型

该系统的优点：

①使用非常简单，如刷墙板简单的扫描，空间无任何自由度限制，无须任何CMM/关节臂/导轨的支持。

②在 PC 屏幕上同步呈现三维扫描数据，边扫描边调整，可以做到整体 360°扫

描一次成型，同时避免漏扫盲区。

③由于空间无限制无损扫描，成型速度非常快捷。

④光学扫描，不会对实物有任何接触，真正的无损扫描。

3.1.4 坐标测量机日常维护与保养

坐标测量机作为一种精密的测量仪器，如果维护及保养及时，就能延长机器的使用寿命，并使精度得到保障、故障率低。坐标测量机的使用注意事项主要分为使用前、使用时、使用后，三个阶段。下面以三坐标测量机为例，简单地介绍坐标测量机的使用注意事项。

1. 开机前的准备

(1)三坐标测量机对环境的要求比较严格，应按照合同要求严格控制温度和湿度；工作温度和湿度要求如表3.2所示。

表3.2 工作温度和湿度要求

名　称	数　值
建议温度	18～22 ℃
24小时温度变化	2 ℃
1小时温度变化	1 ℃
每立方米温度变化	1 ℃
湿度环境要求	25%～75%(推荐30%～70%)

(2)三坐标测量机使用气浮轴承，理论上是永不磨损结构，但是如果气源不干净，有油、水或杂质，就会造成气浮轴承阻塞，严重时会造成气浮轴承和气浮导轨划伤，后果严重。所以每天要检查机床气源，放水放油。定期清洗过滤器及油水分离器。还应注意机床气源前级空气来源，空气压缩机或集中供气的储气罐也要定期检查，气源要求如表3.3所示。

表3.3 气源要求

名　称	参考值
供气压力	(0.55～0.8)MPa
耗气量(最小)	0.14 m^3/min
含水	<6 g/m^3
含油	<0.49 g/m^3
微粒大小	<15 μm
微粒浓度	<0.8 g/m^3

(3)三坐标测量机的导轨加工精度很高，与空气轴承的间隙很小，如果导轨上面有灰尘或其他杂质，就容易造成气浮轴承和导轨划伤。所以每次开机前应清洁机器的导轨，金属导轨用航空汽油擦拭(120或180号汽油)，花岗岩导轨用无水乙醇擦拭。

(4)切记在保养中不能给任何导轨上任何性质的油脂。

(5)定期给光杠、丝杠、齿条上少量防锈油。

(6)长时间不使用测量机时，应做好断电、断气、防尘、防潮工作。重新使用前应做好准备工作，并检查电源、气源、温湿度是否正常。控制室内的温度和湿度(24小时以上)，在南方温润的环境中还应该定期把电控柜打开，使电路板也得到充分的干燥，避免电控系统由于受潮突然加电后损坏。然后检查气源、电源是否正常，电源要求如表3.4所示。

(7)开机前检查电源，如有条件应配置稳压电源，定期检查接地，接地电阻小于4 Ω。

表3.4　电源要求

名　称	参　考　值
输入电压	220V±10%
最大电流	约6 A(控制系统)
	约6 A(标配计算机)
功　　率	控制柜+计算机+打印机(2000 W左右)
	不同的配置，最大功率不同

2. 工作过程中

(1)被测零件在放到工作台上检测之前，应先清洗去毛刺，防止在加工完成后零件表面残留的冷却液和加工残留物影响测量机的测量精度及测尖的使用寿命。

(2)被测零件在测量之前应在室内恒温，如果温度相差过大就会影响测量精度。

(3)大型及重型零件应轻放到工作台上，以避免造成剧烈碰撞，致使工作台或零件的损伤，必要时可以在工作台上放置一块厚橡胶以防止碰撞。

(4)小型及轻型零件放到工作台后，应紧固后再进行测量，否则会影响测量精度。

(5)在工作过程中，测座在转动时(特别是在带有加长杆的情况下)一定要远离零件，以避免碰撞。

(6)在工作过程中如果发生异常响声或突然应急，切勿自行拆卸及维修。

3. 操作结束后

(1)请将 Z 轴移动到下方，但应避免测尖撞到工作台，测座角度旋转到A90的位置。

(2)工作完成后要清洁工作台面。

(3)检查导轨,如有水印请及时检查过滤器。

(4)工作结束后将机器总气源关闭。

3.2 直角坐标测量系统组成

3.2.1 坐标测量系统的基本结构

随着现代汽车工业、航空航天、船舶行业以及机械制造工业的突飞猛进,坐标检测已经成为企业的常规检测手段。特别是一些外资和跨国企业,因为国家技术性贸易壁垒条款,尤为强调产品的第三方认证,所有出厂产品必须提供有效检测资格方出具的检测报告。可以这么说,坐标检测对于加工制造业越来越重要[39]。

对于坐标测量系统的机构组成,根据坐标测量机的工作模式情况,如图 3.12 所示,不难看出,坐标测量系统主要包括以下机构:主机、探测系统、控制系统、软件系统。

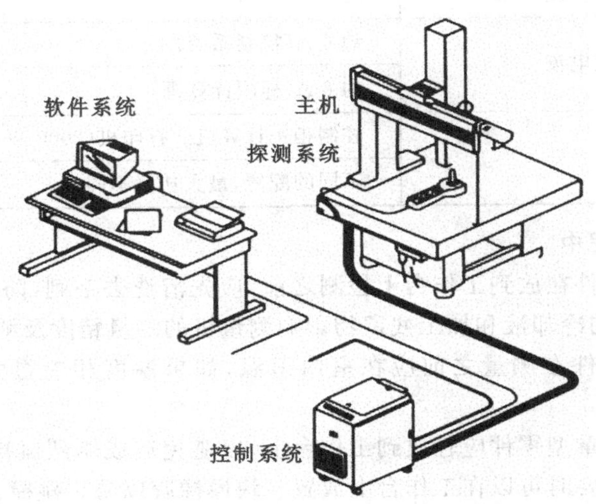

图 3.12 坐标测量系统组成

3.2.2 坐标测量机主机

坐标测量机主机,即测量系统的机械主体,为被测工件提供相应的测量空间,并携带探测系统(测头),按照程序要求进行测量点的采集。

主机的结构主要包括代表笛卡儿坐标系的三个轴及其相应的位移传感器和驱动装置,含工作台、立柱、桥框等在内的机体框架。

坐标测量机的主机结构如图 3.13 所示。

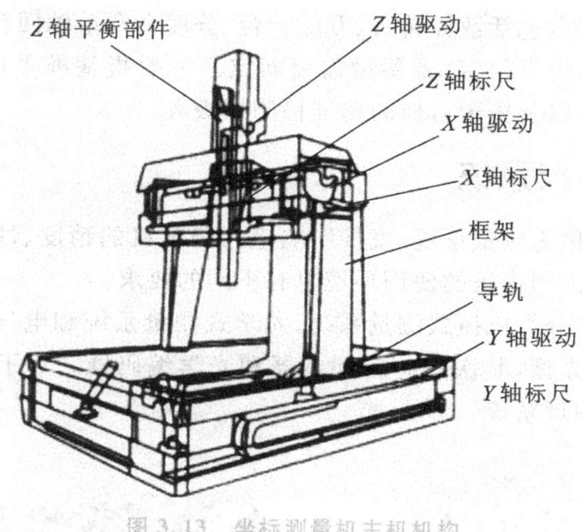

图3.13 坐标测量机主机机构

1. 框架结构

机体框架主要包括工作台、立柱、桥架及保护罩，工作台一般选择花岗岩材质，立柱和桥架一般可选择花岗岩或者铝合金材质，保护罩常采用工程塑料或者铝合金材质。

2. 标尺系统

标尺系统是测量机的重要组成部分，是决定仪器精度的一个重要环节。所用的标尺系统包括有线纹尺、光栅尺、磁尺、精密丝杠、同步器、感应同步器及光波波长等。坐标测量机一般采用测量几何量用的计算光栅中的长光栅，该类光栅一般用于线位移测量，是坐标测量机的长度基准，刻线间距范围为 2～200 μm。

3. 导轨

导轨是测量机实现三维运动的重要部件。常采用滑动导轨、滚动轴承导轨和气浮导轨，而以气浮静压导轨较广泛。气浮导轨由导轨体和气垫组成，有的导轨体和工作台合二为一。气浮导轨还应包括气源、稳定器、过滤器、气管、分流器等一套气动装置。

4. 驱动装置

驱动装置是测量机的重要运动机构，可实现机动和程序控制伺服运动的功能。在测量机上一般采用的驱动装置有丝杠螺母、滚动轮、光轴滚动轮、钢丝、齿形带、齿轮齿条等传动，并配以伺服马达驱动。

5. 平衡部件

平衡部件主要用于 Z 轴框架结构中，其功能是平衡 Z 轴的重量，以使 Z 轴上下运动时无偏重干扰，使检测时的 Z 向测力稳定。Z 轴平衡装置有重锤、发条或弹簧、汽缸活塞杆等类型。

6. 转台与附件

转台是测量机的重要元件，它使测量机增加一个转动的自由度，便于某些种类零件的测量。转台包括数控转台、万能转台、分度台和单轴回转台等。

坐标测量机的附件很多，视测量需要而定。一般指基准平尺、角尺、步距规、标准球体、测微仪，以及用于自检的精度检测样板等。

3.2.3 标尺系统

标尺系统，也称为测量系统，直接影响坐标测量机的精度、性能和成本。不同的测量系统，对坐标测量机的使用环境也有不同的要求。

测量系统可以分为机械式测量系统、光学式测量系统和电气式测量系统。其中，使用最多的是光栅，其次是感应同步器和光学编码器。对于高精度测量机可采用激光干涉仪测量系统。

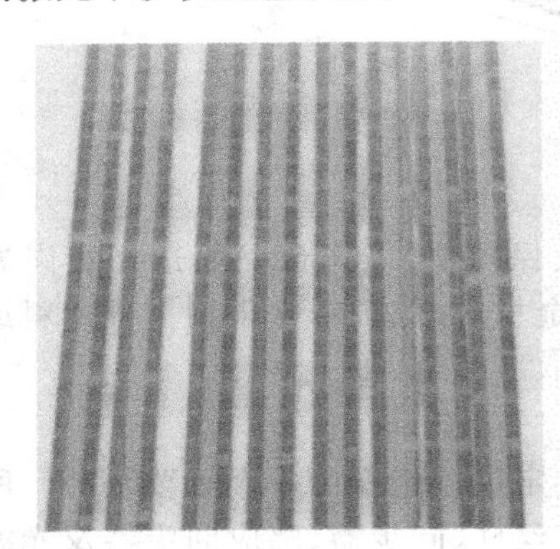

图 3.14 光栅尺元件

光栅的种类很多，在玻璃表面上制有透明和不透明间隔相等的线纹，称为透射光光栅；在金属镜面上制成的全反射或漫反射并间隔相等的线纹，称为反射光栅；也可以把线纹做成具有一定衍射角度的光栅。

光栅测量是由一个定光栅和一个动光栅合在一起作为检查元件（见图 3.14），靠它们产生的莫尔条纹来检查位移值。通常，长光栅尺安装在测量机的固定部件上，称为标尺光栅。短光栅尺（指示光栅）的线纹与标尺光栅的线纹保持一定间隙，并在自身平面内转一个很小的角度 θ。当光源照射时，两光栅之间的线纹相交，组成一条条黑白相间的条纹，称为“莫尔条纹”，如图 3.15 所示。若光栅尺的栅距为 W，则莫尔条纹节距为

$$B=\frac{W}{2\sin(\theta/2)}\approx\frac{W}{\theta} \tag{3.1}$$

由于 θ 通常很小，因此莫尔条纹就有一种很强大的放大作用。标尺光栅与指示光栅每相对移动一个栅格，莫尔条纹就移动一个节距。莫尔条纹是由大量（数百条）的光栅刻线共同形成的，因此它对光栅的刻线误差有平均作用，从而提高了位移检测的精度。

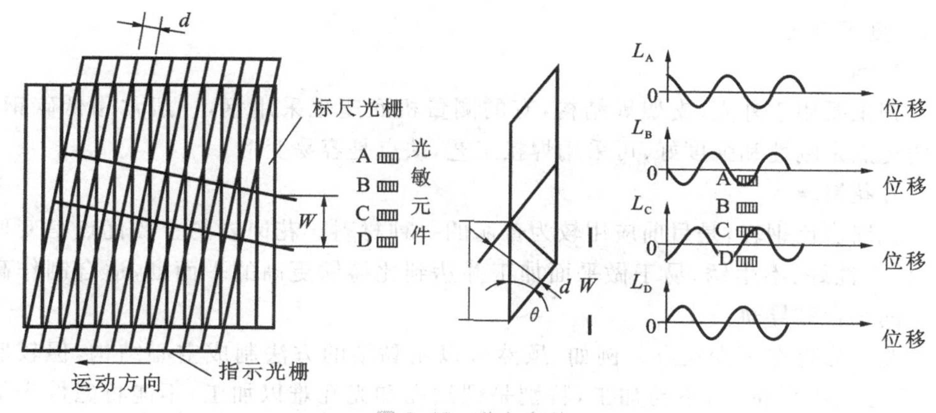

图 3.15　莫尔条纹

光栅读数系统的基本工作原理如图 3.16 所示。标尺光栅固结在测量机的固定部件上，光栅读数固结在移动部件上。光栅读数头由光源、指示光栅和光电元件组成。由光源发出的平行光束，将标尺光栅与指示光栅照亮，形成莫尔条纹。光电元件将莫尔条纹的亮暗转换成电信号。若采用细分电路，即在莫尔条纹变化的一个周期内，发出若干个细分脉冲，则可读出光栅头移动一个栅距内的信号。采用可逆计数器发出的脉冲数。计数器所计的数代表光栅头的位移量，光栅头向不同方向移动，则可逆计数器按不同方向计数。

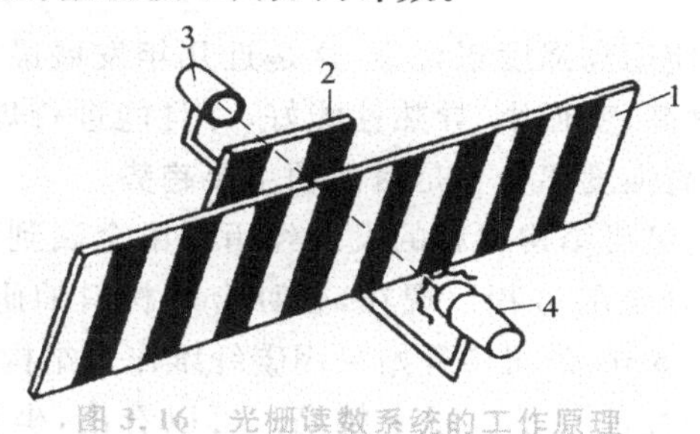

图 3.16　光栅读数系统的工作原理

1—标尺光栅；2—指示光栅；3—光源；4—光电元件

3.2.4　主机结构材料

坐标测量机的结构材料对其测量精度、性能有较大的影响，随着各种新型材料的研究、开发和应用，坐标测量机的结构材料也越来越多，性能也越来越好。常见的结构材料主要有以下几种。

1. 铸铁

铸铁是应用较为普遍的一种材料，主要用于底座、滑动与滚动导轨、立柱、支架、床身等。它的优点是变形小、耐磨性好、易于加工、成本较低、线膨胀系数与多数被测件（钢件）接近，是早期坐标测量机广泛使用的材料。至今在某些测量机，如画线机上仍主要用铸铁材料。但铸铁也有缺点，如易受腐蚀，耐磨性低于花岗岩,强度不高等。

2. 钢

钢主要用于外壳、支架等结构,有的测量机底座也采用钢,一般常用低碳钢。钢的优点是刚性和强度好,可采用焊接工艺,缺点是容易变形。

3. 花岗岩

花岗岩比钢轻,是目前应用较为普遍的一种材料。花岗岩的主要优点是变形小、稳定性好、不生锈,易于做平面加工并达到比铸铁更高的平面度,适合制作高精度的平台和导轨。

花岗岩存在不少缺点。例如:虽然可以用黏结的方法制成空心结构,但较麻烦;实心结构质量大,不易加工,特别是螺纹孔和光孔难以加工;不能将磁性表架吸附到其上;造价高于铸铁;材质较脆,粗加工时容易崩边;遇水会产生微量变形等。因此,使用中应注意防水防潮,禁止用混水的清洗剂擦拭花岗岩表面。

4. 陶瓷

陶瓷是近年来发展较快的材料之一。它是将陶瓷材料压制成形后烧结,再研磨而得。其特点是多孔、质量轻、强度高、易加工、耐磨性好、不生锈。陶瓷的缺点是制作设备造价高、工艺要求也比较高,而且毛坯制作复杂,所以使用这种材料的测量机不多。

5. 铝合金

坐标测量机主要使用高强度铝合金,这是近几年发展最快的新型材料。铝材的优点是质量轻、强度高、变形小、导热性能好,并且能进行焊接,适合做测量机上的许多零部件。应用高强度铝合金是目前的主要趋势。

总体来说,坐标测量机结构材料的发展经历了由金属到陶瓷、花岗岩,再由这些自然材料发展到铝合金的过程。现在,各种合成材料的研究也在深入进行,德国 Zeiss、英国 LK 及 Tarus 公司均开始采用碳纤维作为结构件。随着对精度要求的不断提高,对材料的性能要求也越来越高。可以看出,坐标测量机的结构材料正向着质量轻、变形小和易加工的方向发展。

3.2.5 控制系统

控制系统在坐标测量过程中的主要功能体现在:读取空间坐标值,对测头信号进行实时响应与处理,控制机械系统实现测量所必需的运动,实时监测坐标测量机的状态以保证整个系统的安全性与可靠性,有的还对坐标测量机进行几何误差与温度误差补偿以提高测量机的测量精度。

控制系统按照自动化程度可分为手动型、机动型及数控型(computer numerical control,CNC)三种类型。

手动型和机动型控制系统主要完成空间坐标值的监控与实时采样,主要用于经济型的小型测量机。手动型控制系统结构简单,机动型控制系统则在手动基础上添加了对测量机三轴电动机、驱动器的控制，机动型控制系统是手动和数控型控制系统的过渡机型。

数控型控制系统的测量过程是由计算机控制的，它不仅可以实现全自动点对点触发和模拟扫描测量，也可像机动控制系统那样通过操纵盒摇杆进行半自动测量，随着计算机技术和数控技术的发展，数控型控制系统的应用意味着整个测量机系统获得更高的精度、更快的速度、更好的自动化和智能化水平。

按照应用的控制系统类型分类，相应的坐标测量机可分为：手动型、机动型及CNC数控型三种类型。早期的坐标测量机以手动型和机动型为主，随着计算机技术及数控技术的发展，象征着高精度、高速度、高自动化和智能化水平的数量CNC型控制系统变得日益普及。

1. 手动型测量机

手动控制系统主要包括坐标测量系统、测头系统、状态监控系统等，如图3.17所示。

坐标测量系统是将 X、Y、Z 三个方向的光栅信号经过处理后，送入计数器，CPU读取计数器中的脉冲数，计算出相应的空间位移量。

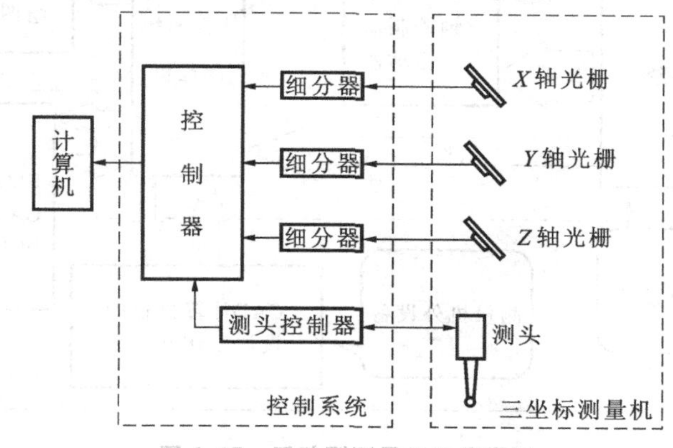

图3.17　手动型测量机工作原理

手动型测量机的操作方式体现在：手动移动测头去接触工件，测头发出的信号用作计数器的锁存信号和CPU的中断信号；锁存信号将 X、Y、Z 三轴的当前光栅数值记录下来，CPU在执行中断服务程序时，读取计数器中的锁存值，这样就完成了一个坐标点的采集。计算机通过这些坐标点数据分析计算出工件的形状误差和位置误差。

随着半导体技术与计算机技术的发展，可将光栅信号接口单元、测头控制单元、状态监测单元等集成在一块PCI或ISA总线卡上，直接插入计算机或专用的控制器中，使得系统的可靠性提高，成本降低，便于维护，易于开发。

手动坐标测量机结构简单、成本低，适合于对精度和效率要求不是太高、而要求价格低的用户。

2. 机动型测量机

机动型控制系统与手动型控制系统比较，机动型控制系统增加了电动机、驱动器和操纵盒。测头的移动不再需要手动，而是用操纵盒通过电动机来驱动。电动机运转的速度和方向都通过操纵盒上的手操杆偏摆的角度和方向来控制。

机动型控制系统主要是减轻了操作人员的体力劳动强度，是一种过渡机型，随着CNC系统成本的降低，机动型测量机目前采用得很少。

3. 数控型测量机

数控型测量机的测量过程是由计算机通过测量软件进行控制的，它不仅可以实现利用测量软件进行自动测量、自学习测量、扫描测量，也可通过操纵杆进行机动测量。

数控型测量机工作的原理图如图3.18所示，数控型测量系统通过接收来自软件系统所发出的指令，控制测量机主机的运动和数据采集。

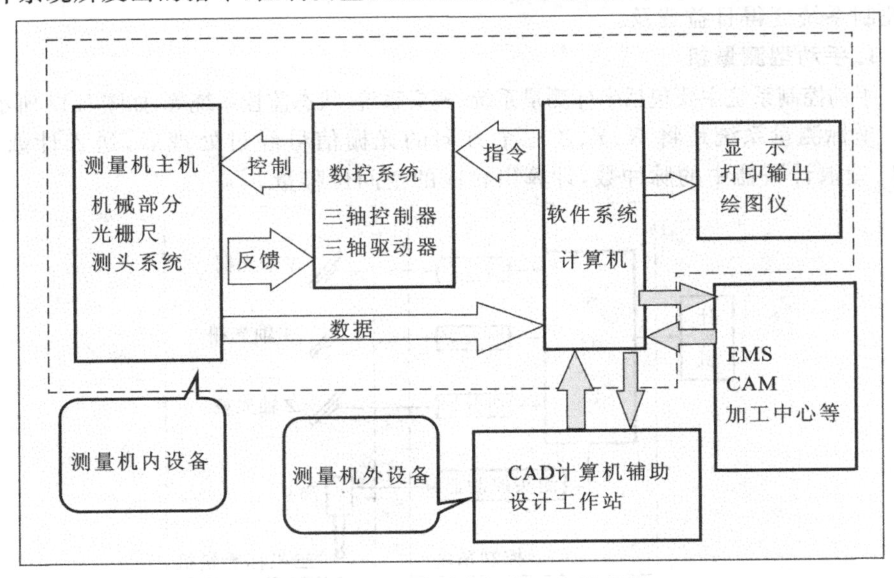

图3.18　CNC型测量机的工作原理图

数控型坐标测量机除了在X、Y、Z三个方向装有三根光栅尺及电动机、传动等装置外，具有了以控制器和光栅组成的位置环；控制器不断地将计算机给出的理论位置与光栅反馈回来的实测位置进行比较，通过PID参数的控制，随时调整输出的驱动信号，努力使测量机的实际位置与计算机要求的理论位置一致。

由于实现了自动测量，大大提高了工作效率，特别适合生产线和批量零件的检测。由于排除了人为因素，可以保证每次都以同样的速度和法矢方向进行触测，从而使得测量精度得到很大的提高。

3.2.6　探测系统

探测系统是由测头及其附件组成的系统，测头是测量机探测时发送信号的装置，它可以输出开关信号，亦可以输出与探针偏转角度成正比的比例信号。它是坐标测量机的关键部件，测头精度的高低很大程度决定了探测机的测量重复性及精度；不同零件需要选择不同功能的测头进行测量。

坐标测量机是靠测头来拾取信号的，其功能、效率、精度均与测头密切相关。没有先进的测头，就无法发挥测量机的功能。

按结构原理，测头可分为机械式、光学式和电气式等。其中：机械式主要用于手动测量；光学式多用于非接触测量；电气式多用于接触式自动测量。

按测量方法，测头根据其功能可以分为触发式、扫描式、非接触式（激光、光学）等。

1. 触发式测头

触发式测头（trigger probe，TP）又称为开关测头，如图3.19所示，是使用最多的一种测头，其工作原理是一个开关式传感器。当测针与零件接触而产生角度变化时，发出一个开关信号。这个信号传送到控制系统后，控制系统对此刻的光栅计数器中的数据锁存，经处理后传送给测量软件，表示测量了一个点。

2. 扫描式测头

扫描式测头（scanning probe，SP）又称为比例测头或模拟测头，如图3.20所示，有两种工作模式：一种是触发式模式，一种是扫描式模式。扫描测头本身具有三个相互垂直的距离传感器，可以感觉到与零件接触的程度和矢量方向，这些数据作为测量机的控制分量，控制测量机的运动轨迹。扫描测头在与零件的表面接触、运动过程中定时发出信号，采集光栅数据，并可以根据设置的原理过滤粗大误差，称为“扫描”。扫描测头也可以触发方式工作，这种方式是高精度的方式，与触发式测头的工作原理不同的是它采用回退式触发方式。

3. 非接触式（激光、光学）测头

非接触式测头（non-contact probe，NCP）不需要与待测表面发生实体接触，例如光学探测系统、激光扫描探测系统中的测头，如图3.21所示。

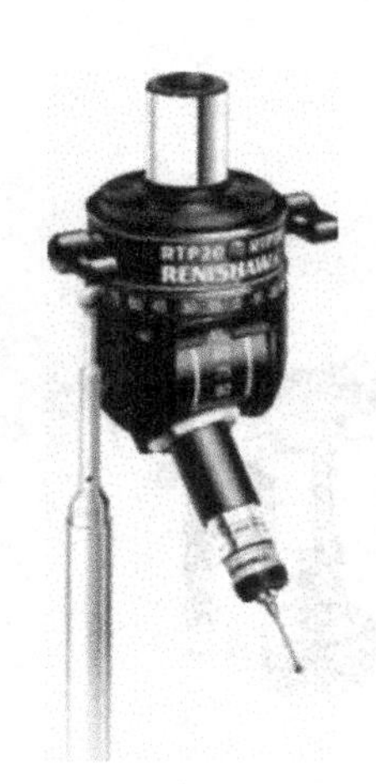

图3.19 触发式测头

图3.20 扫描式测头

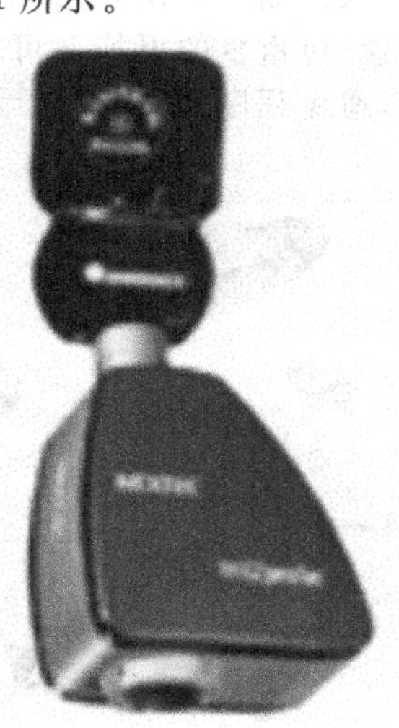
图3.21 非接触式测头

在三维测量中，非接触式测量方法由于其测量的高效性和广泛的适应性而得到了广泛的研究，尤其是以激光、白光为代表的光学测量方法更是备受关注。根据工作原理的不同，光学三维测量方法可被分为多个不同的种类，包括摄影测量法、飞行时间法、三角法、投影光栅法、成像面定位方法、共焦显微镜方法、干涉测量法、隧道显微镜方法等。采用不同的技术可以实现不同的测量精度，这些技术的深度分辨率范围为 103～106 mm，覆盖了从大尺度三维形貌测量到微观结构研究的广泛应用和研究领域。

4. 测座

如图 3.22 所示，测座控制器可以用命令或程序控制，使测座旋转到指定位置。手动的测座只能用手动方式旋转测座。

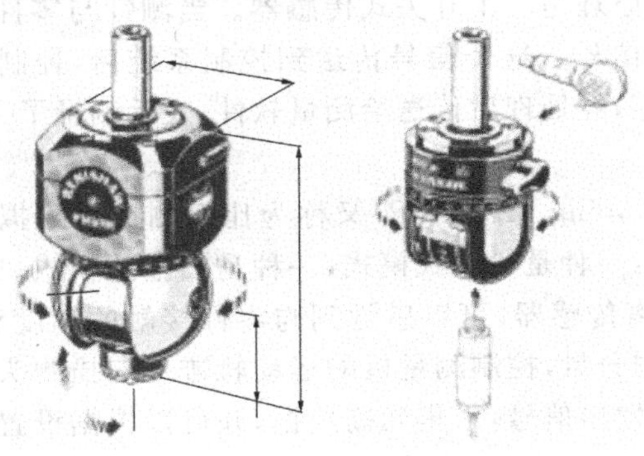

图 3.22　测座

5. 附件

(1)加长杆和探针(见图 3.23)　适于大多数检测需要的附件。可确保测头不受限制地对工件所有特征元素进行测量，且具有测量较深位置特征的能力。

(2)测头更换架(见图 3.24)　对测量机测座上的测头/加长杆/探针组合进行快速、可重复的更换。可在同一测量系统下对不同的工件进行完全自动化的检测，避免程序中的人工干预，提高测量效率。

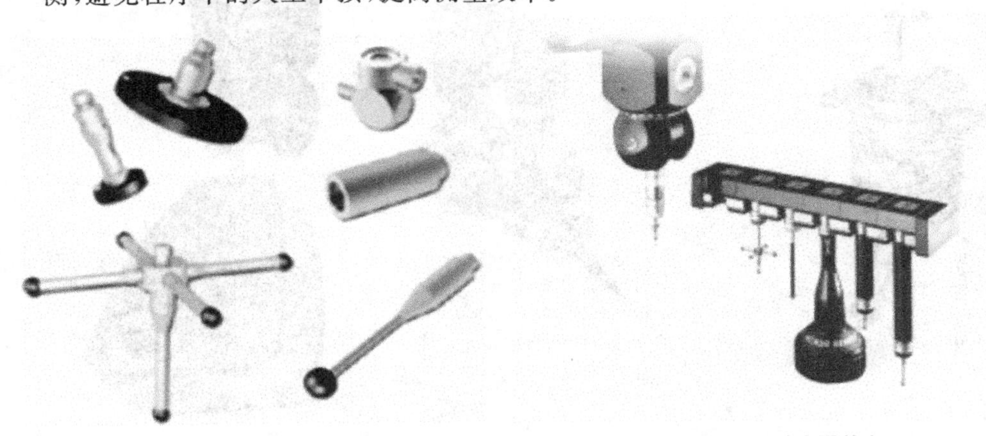

图 3.23　加长杆和探针　　　　图 3.24　测头更换架

6. 探针及其功能说明

探针是坐标测量机的重要部分，主要用来触测工件表面，使得测头的机械装置移位，产生信号触发并采集一个测量数据。测头与探针的选择和使用在工业测量中发挥着重大作用，是非常关键的要素。在实际的测量过程中，对探针的正确选择是一门非常重要的课题，如果使用的测球球度差、位置不正、螺纹公差大。或因设计不当而在测量时产生过量的挠度变形，则很容易降低测量效果。

随着工业的发展，面对千变万化而又复杂的加工件要求日益提高，精度检验的要求就更加严苛。为保证检测精度，减少测量结果的影响因素，坐标测量提供不同探针类型，以适应不同零件外形的检测需求，如图 3.25 所示。

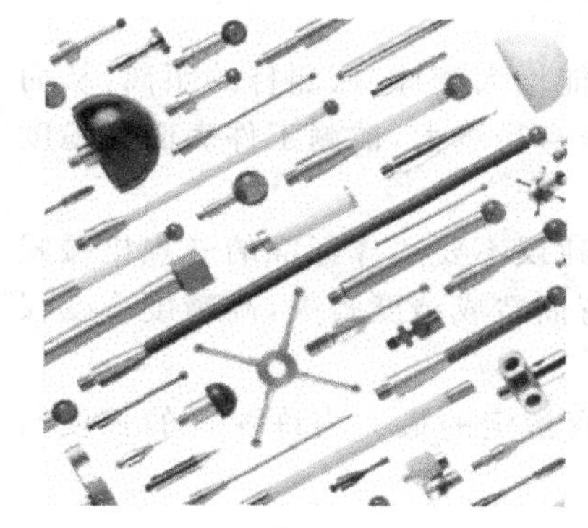

图 3.25　不同类型的探针

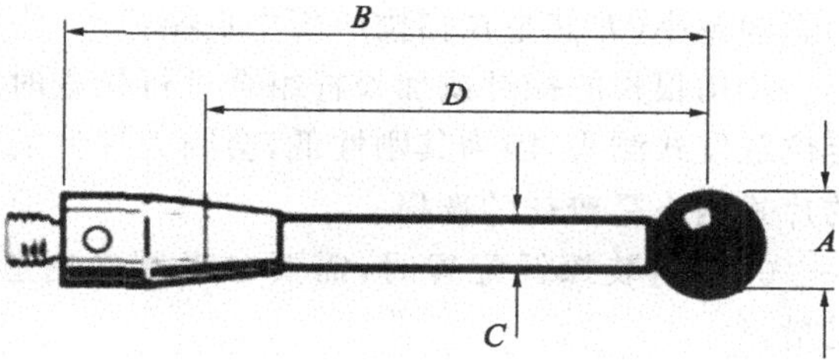

图 3.26　探针示意图

(1)探针的基本概念。

一般的探针都是由一个杆和一个红宝石球组成(见图 3.26)。探针的几个主要术语：①探针直径；②总长；③杆直径；④有效工作长度(EWL)。

总长：指的是从探针后固定面到测尖中心的长度。

有效工作长度(EWL)：指的是从测尖中心到与一般测量特征发生障碍的探针点距离。

被测工件的外形特征将决定要采用的探针类型和大小，在所有情况下探针的最大刚度和测球的球度至关重要。在测量过程中，要求探针的刚性和测尖的形状都达到尽可能最佳的程度。

大多数探针的测尖是一个球头，最常见的材料是人造红宝石。探针球头材质除红宝石外，还有氮化硅、氧化锆、陶瓷、碳化钨。在扫描应用中最为明显，如以红宝石探针来扫描铝材和铸铁，两种材料之间的相互作用会产生对红宝石测球表面的“黏附磨损”。因此，建议使用氮化硅探针来扫描铝材工件或使用氧化锆探针来扫描铸铁工件，以避免黏附磨损现象。

测杆的材料考虑也非常重要。测杆必须设计具有极大的刚性，确保在测量过程中将弯曲量降到最低。除最基本的不锈钢外，对于需要大刚度的小直径杆或超长杆使用碳化钨杆是最好的选择，而陶瓷探针所具有的刚性优于钢探针的刚性，但重量远比碳化钨的轻。

采用陶瓷杆的测头因发生碰撞时探针会破碎，因此探针对测头有额外的碰撞保护作用。另外重量极低的碳纤维是一种惰性材料，这种特征与特殊树脂基体相结合，在大多数极恶劣的机床环境下具有优异的防护作用。它是高精度应变仪片式测头的最佳探针杆材料，具有优异的减振性能和可忽略不计的热膨胀系数。

为保证一定的测量精度，在对探针的使用上，基本可遵循如下探针选择的原则。

①尽可能选择短的探针，因为探针越长，弯曲或形变量越大，精度越低。

②尽可能减少探针组件数，每增加一个探针与探针杆的连接，便增加了一个潜在的弯曲和变形点。

③尽可能选用测球直径大的探针：一是这样能增大测球/探测杆的距离，从而减少由于碰撞探测杆所引起的误触发；二是测球直径越大，被测工件表面粗糙度的影响越小（尤其是在扫描应用中更明显）。

④用很长的探针或加长杆组合进行检查时，建议不要选择标准的三点机械式定位触发式测头，因为其刚性低，会因为探针的弯曲造成精度丧失，高精度应变仪的片式测头是较佳的选择。

⑤当组装探针配置时，需要参考测头制造商指定的最大容许探针的长度与重量。

(2)探针的类型介绍。

①球形探针(ball stylus)。

球形探针的用途及特征：多用于尺寸、形位、坐标测量等多样检测；球直径一般为 0.3～8.0 mm；材料主要使用硬度高、耐磨性强的工业用红宝石，如图 3.27 所示。

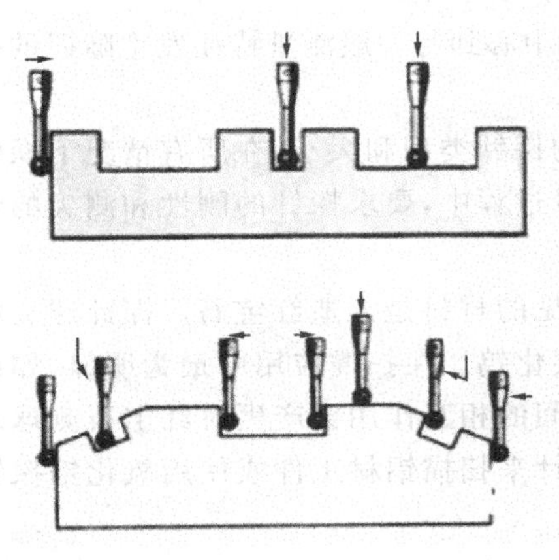

图 3.27　球形探针

②星形探针(star stylus)。

星形探针的用途及特征：用于多形态的多样工作测量；同时校正并使用多个

探针，所以可以使探针运动最小化，并测量侧面的孔或槽等；使用和球形探针一样的方法进行校正，如图3.28所示。

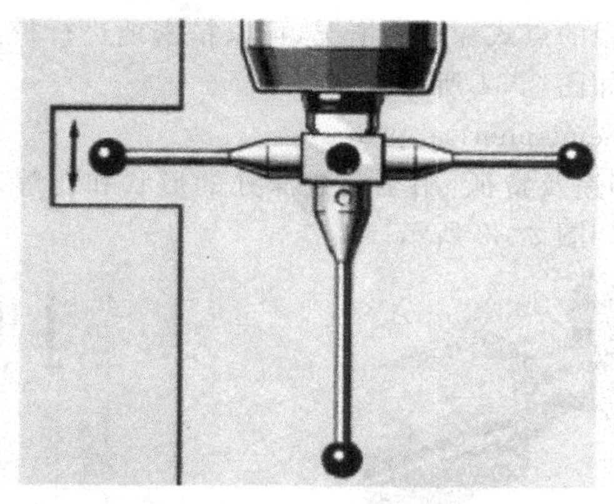

图3.28　星形探针

③圆柱形探针（cylindrical probe）。

圆柱形探针的用途及特征：适用于利用圆柱形的侧面，测量薄断面间的尺寸、曲线形状或加工的孔等；只有圆柱形的断面方向的测量有效，轴方向上测量困难的情况很多（圆柱形的底部加工成和圆柱形轴同心的球模样时，在轴方向上的测量就成为可能）；使用圆柱形探针测量整体高度时，圆柱形轴和坐标测量机轴要一致，一般最好在同一断面内进行测量。结构如图3.29所示。

④盘形探针（disk probe）

盘形探针的用途及特征：在球的中心附近截断做成盘模样的探针，盘形断片的形状因为是球，所以校正原理和球形探针相同；利用外侧直径部分或厚度部分进行测量；适用于测量瓶颈面间的尺寸、槽的宽度等，结构如图3.30所示。

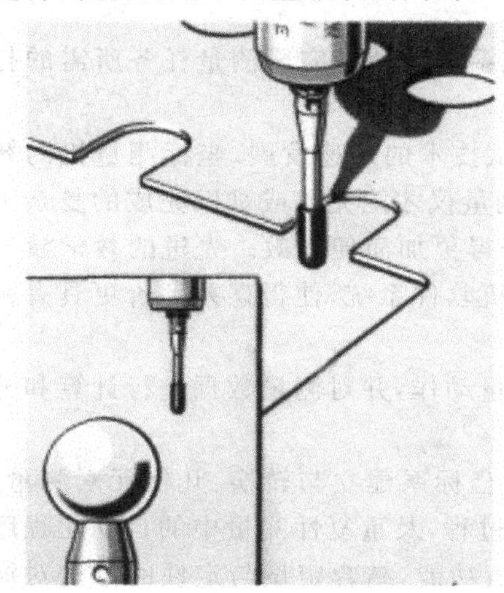

图3.29　圆柱形探针

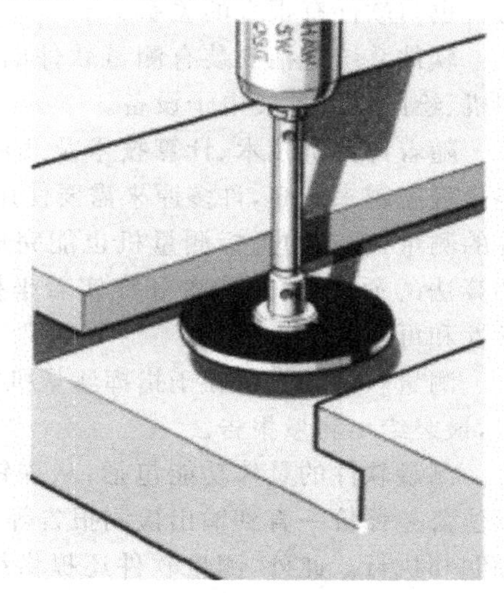

图3.30　盘形探针

⑤点式探针(point probe)。

点式探针的用途及特征:用于测量精密度低的螺丝槽,标示的点或裂纹划痕等;比起使用具有半径的点式探针的情况,可以精密地进行校正,用于测量非常小的孔的位置等,结构如图 3.31 所示。

⑥半球形探针(hemispherical probe)。

半球形探针的用途及特征:用于测量深处的形状和孔等,对表面粗糙的工件的测量也有效,结构如图 3.32 所示。

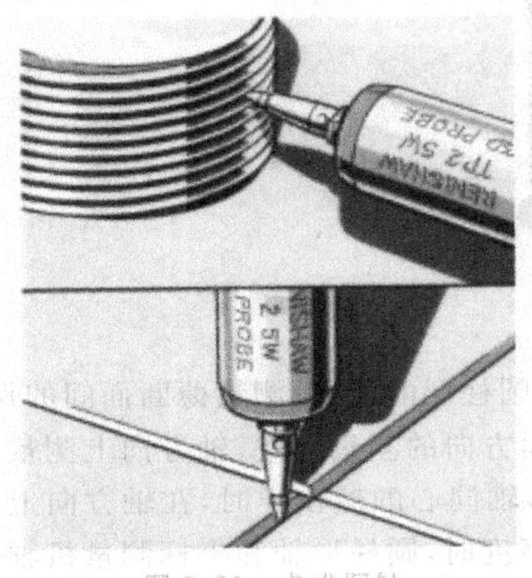

图 3.31 点式探针

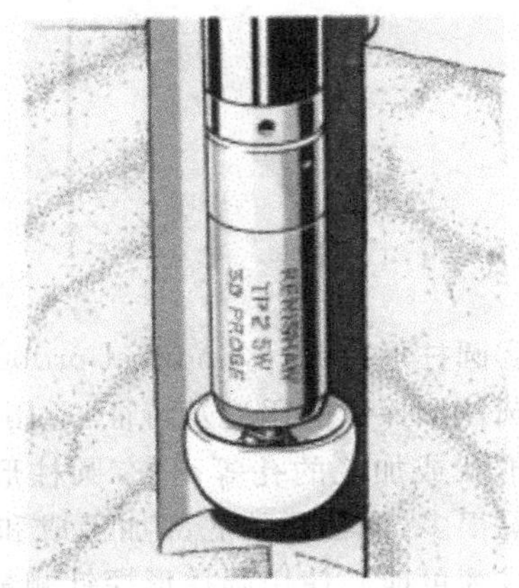

图 3.32 半球形探针

3.2.7 软件系统

对坐标测量机的要求主要是精度高、功能强、操作方便。其中:坐标测量机的精度主要取决于机械结构、控制系统和测头;而功能则主要取决于软件;操作方便与否也与软件有很大的关系。

软件系统包括安装有测量软件的计算机系统及辅助完成测量任务所需的打印机、绘图仪等外接电子设备。

随着计算机技术、计算技术及几何量测试技术的迅速发展,坐标测量机的智能化程度越来越高,许多原来需要使用专用测量仪才能完成或难以完成的复杂工件的测量,现在的坐标测量机也能完成,且变得更加简便有效。先进的教学模型和算法的涌现,不断完善和充实着坐标测量机软件系统,使得误差评价更具有科学性和可靠性。

测量软件的作用在于指挥测量机完成测量动作,并对测量数据进行计算和分析,最终给出测量报告。

测量软件的具体功能包括:从探针校正、坐标系建立与转换、几何元素测量、形位公差评价一直到输出检测报告等全测量过程,及重复性测量中的自动化程序编制和执行。此外,测量软件还提供统计分析功能,结合定量与定性的方法对海量测量数据进行统计研究,用以监控生产线加工能力或产品质量水平。

坐标测量机软件系统从表面上看五花八门，但本质上可以归类为两种：一种是可编程式，另一种是菜单驱动式。

(1)根据软件功能的不同，坐标测量机软件可分为：

①基本测量软件。

基本测量软件是坐标测量机必备的最小配置软件。它负责完成整个测量系统的管理，包括探针校正，坐标系的建立与转换、输入输出管理、基本几何要素的尺寸与几何精度测量等基本功能。

②专用测量软件。

专用测量软件是针对某种具有特定用途的零件部件的测量问题而开发的软件。如齿轮、转子、螺纹、凸轮、自由曲线和自由曲面等测量都需要各自的专用测量软件。

③附加功能软件。

为了增强坐标测量机的功能和用软件补偿的方法提高测量精度，坐标测量机中还有各自附加功能软件，如附件驱动软件、统计分析软件、误差检测软件、误差补偿软件、CAD软件等。

(2)根据软件作用性质的不同，坐标测量机软件可分为：

①控制软件。

对坐标测量机的 X、Y、Z 三轴运动进行控制的软件为控制软件，包括速度和加速度控制、数字PID调节、三轴联动、各种探测模式(如点位探测、自定义中心探测和扫描探测)的测头控制等。

②数据处理软件。

对离散采样的数据点的集合，用一定的数学模型进行计算，以获得测量结果的软件称为数据处理软件。

至今为止，坐标测量机软件的发展经历了三个重要阶段：

第一阶段是DOS操作系统及其以前的时期，测量软件能够实现坐标找正、简单几何要素的测量、形位公差和相关尺寸计算。

第二阶段是Windows操作系统时代，这一阶段，计算机的内存容量和操作环境都有了极大的改善，测量软件在功能的完善和操作的友好性上有了飞跃性的改变，大量地采用图标和窗口显示，使功能调用和数据管理变得异常简单。

第三阶段应该是从20世纪末开始，这是一次革命性的改变，它以将CAD技术引入测量软件为标志。

测量软件使用CAD数/模，是受CAD/CAM的影响，也是制造技术发展的必然结果。基于CAD数/模编程大大提高了零件编程技术，它的极大优势是可以作仿真模拟，既可以检查测头干涉，也验证了程序逻辑和测量流程的正确性。CAD数/模编程既不需要测量机也不需要实际工件，这极大地提高了测量机的使用频率和有效利用时间。对于生产线上使用的测量机，就意味着投资成本的降低。

CAD数/模编程可以在零件投产之前即可完成零件测量程序的编制。坐标测量系统由德国 PTB 认证通过的测量软件包括：Rational-DMIS（爱科腾瑞）、METROLOG（法国）、Calypso（蔡司）、PC-DMIS（海克斯康）、Merosoft CM（温泽）、CAM2Q（发如）等。

随着工业自动化、智能化、数字化及网络化水平的提高，目前测量软件系统的概念已经得到外延。除了传统意义上的测量软件功能，当代的先进测量软件系统已经发展到无纸化测量和全自动无人干预程序编制，自定制报告的网络化实时传输，安全封装测量核心软件、监控测量设备和检测人员、简化测量操作（"一键"即开）的先进测量管理阶段。当然，这种技术目前仅掌握在测量行业的龙头企业手中。

在今后相当长的一段时间内，软件系统将成为坐标测量机技术发展最快，发展空间最大的一个部分。

3.3 测量坐标系

3.3.1 坐标系认知

坐标系的理解可从生活实例中体会，比如测量墙的高度时，是沿着和地面垂直的方向进行测量的，而不是沿着与地面倾斜一定角度的方向进行测量的。此时，利用地面建立一个坐标系，该坐标系的方向是垂直于地面的。墙体的高度是沿着垂直方向测量所得的，是由地面开始计算的。同样的道理，在测量一个工件时也必须建立一个参考方向。

在参照系中，为确定空间一点的位置，按规定方法选取有次序的一组数据，这就叫做"坐标"。在某一问题中规定坐标的方法，就是该问题所用的坐标系。

在精确的测量工作中，正确地建立坐标系，同样是非常重要的。为了得到一个正确的检测报告，在检测一个零件前，我们应该先确定被测零件在测量机上的坐标。本文以 RationalDMIS 三坐标测量软件为例，来介绍坐标系的建立方法[40]。

3.3.2 直角坐标系的创建方法

利用坐标测量机对工件几何公差、轮廓等多种参数进行检测时，坐标系建立的好坏将直接影响工件的测量精度和测量效率。因此，建立合适的工件坐标系就显得非常重要。

在实际应用中，坐标系建立应根据零件在设计、加工时的基准特征情况而定。坐标测量建立直角坐标系最常用的方法是 3-2-1 建立坐标系法。所谓 3-2-1 方法是用 3 点测平面取其法矢建立第一轴，用 2 点测线投影到平面建立第二轴（这样两个轴绝对垂直，而第三轴自动建立，三轴垂直保证符合直角坐标系的定义)，用1点或点元素建立坐标系零点。典型的3-2-1创建工件坐标系的步骤如下：

①测量用于建立零件找正的几何特征，通常测量零件的一个平面；

②测量必要的其他几何特征，用来锁定零件的自由度；

③设为原点，建立坐标系，锁定工件。

1. 快速3-2-1创建坐标法

快速3-2-1创建坐标法是对3-2-1创建坐标的简化，使用户能更加简单、快速的构建工件坐标。

①选择“操作选择工具条”中的“坐标”，如图3.33所示。

②选择“快速3-2-1坐标系配置”，如图3.34所示。

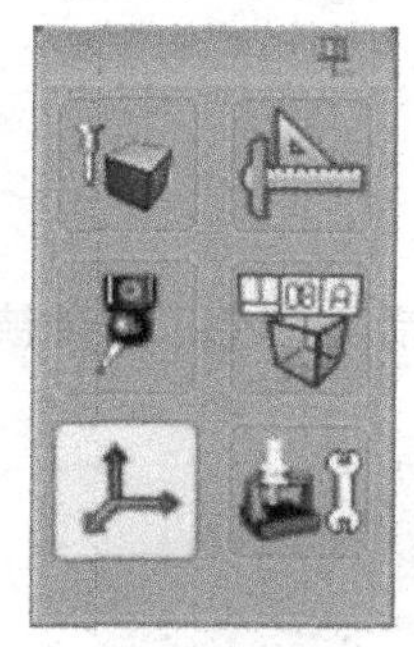

图3.33　操作选择工具条

图3.34　快速3-2-1坐标系配置窗口

③快速3-2-1创建坐标法通过直接测量创建一个新坐标系。不同于其他的坐标系创建窗口，这个窗口是坐标系创建窗口也是测量窗口，如图3.35所示。

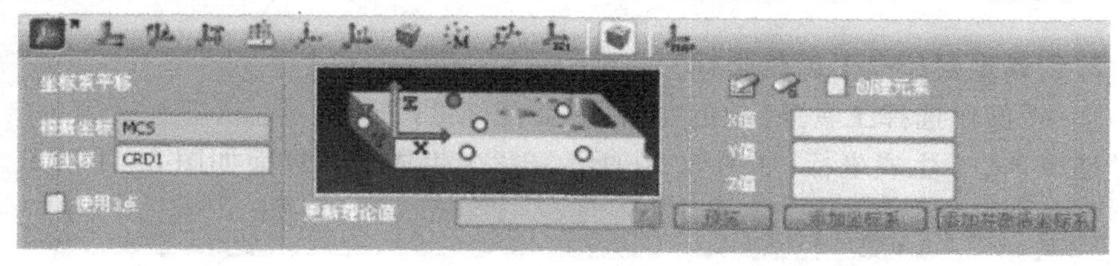

图3.35　坐标系创建窗口

其中，测量和创建坐标系指示窗口中，“黄线框”用来指导用户测量需要的点，移动测量机测量完一个点后，窗口中的此点以绿色显示，下一个测量点以红色高亮显示，如图3.36所示。

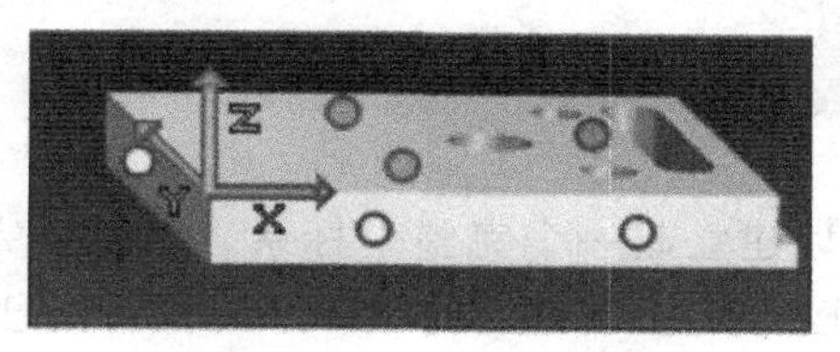

图3.36　指示窗口中点的变化

测量和创建坐标系指示窗口中内嵌了一个坐标系定位指示的热点区，每次在热点区内用鼠标左键单击坐标就会改变坐标系的定位方向，如图 3.37 所示。

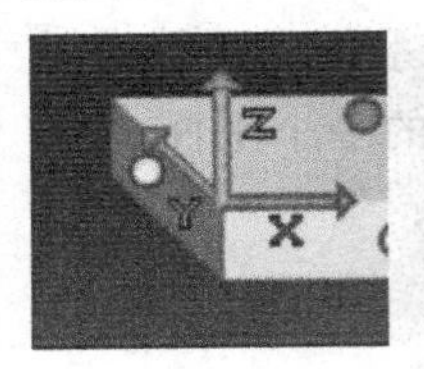

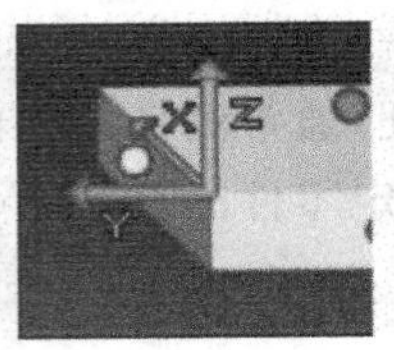

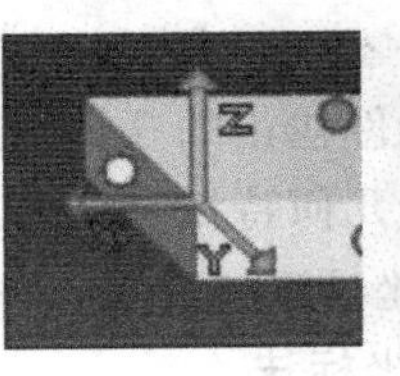

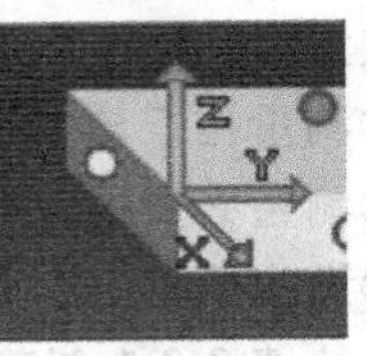

图 3.37　坐标系定位方向的改变

对于测量过程中不满意的测量点，通过“删除”和“全部删除”按键可以删除这些测量点，在图 3.38 中，(a)为选择“删除全部”，(b)选择“删除”。

(a) 选择“删除全部”

(b) 选择“删除”

图 3.38　删除按键

④直到所有的点都测量完，〈添加坐标系〉和〈添加并激活坐标系〉才会被激活，如图 3.39 所示。

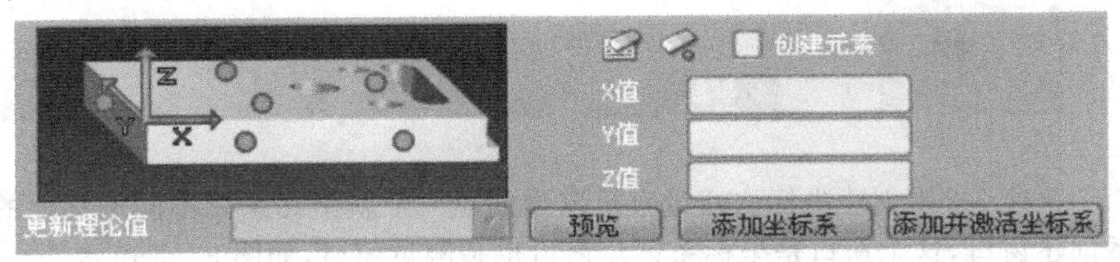

图 3.39　添加坐标系或激活坐标系窗口

2. 创建坐标(3-2-1 创建坐标)

选择“操作选择工具条”中的“坐标”，如图 3.33 所示。

选择 3-2-1 生成坐标，如图 3.40 所示，3-2-1 生成坐标界面如图 3.41 所示。

图 3.40　3-2-1 坐标系配置窗口

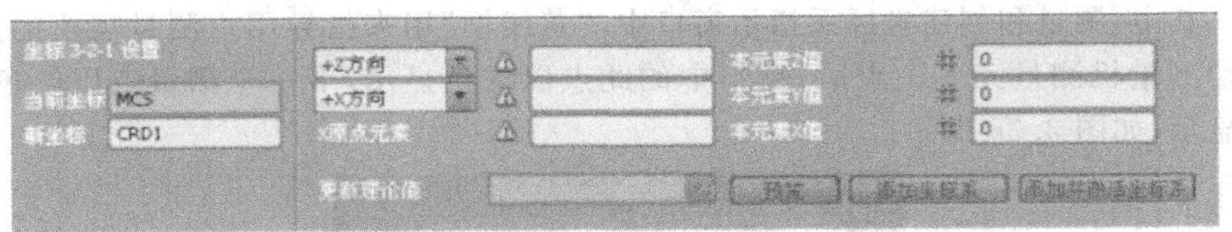

图 3.41　3-2-1 生成坐标界面

3-2-1 创建坐标可以建立起一个完整坐标系。如果是完全控制的话(即输入元素可以完全控制新坐标系，不需要当前坐标系的任何信息)，则新坐标系与当前坐标系无关。如果是部分控制的话，则新坐标系与当前坐标系相关，如图 3.42 所示为当前坐标系和新坐标系的切换界面。

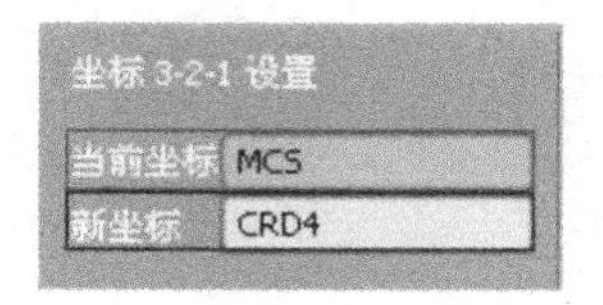

图 3.42　坐标切换界面

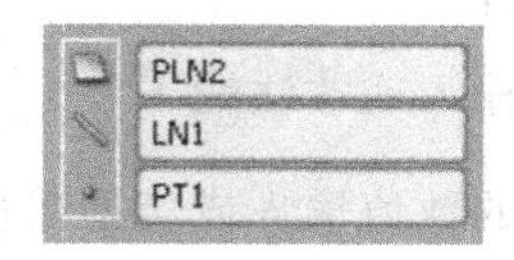

图3.43　控制元素输入窗口

轴控制元素输入窗口，如图 3.43 所示。

最上面输入窗口的元素控制主坐标轴的方向和位置，元素接受可简化为线的元素的拖放。

第二个输入窗口的元素控制次坐标轴的方向和位置，元素接受可简化为线的元素的拖放。

第三个输入窗口的元素控制第三坐标轴的位置，元素接受可简化为点的元素的拖放。

在双数据区窗口中，打开元素数据区，如图 3.44 所示，拖放元素到轴控制元素输入窗口，如图 3.45 所示。

图 3.44　双数据区窗口

图 3.45　元素拖入后的 3-2-1 生成坐标界面

坐标轴控制窗口的坐标下拉菜单可选择主/次/第三坐标轴的方向，使所选的主/次/第三坐标轴的方向与轴控制元素输入窗口的元素方向完全相同，如图 3.46 所示。

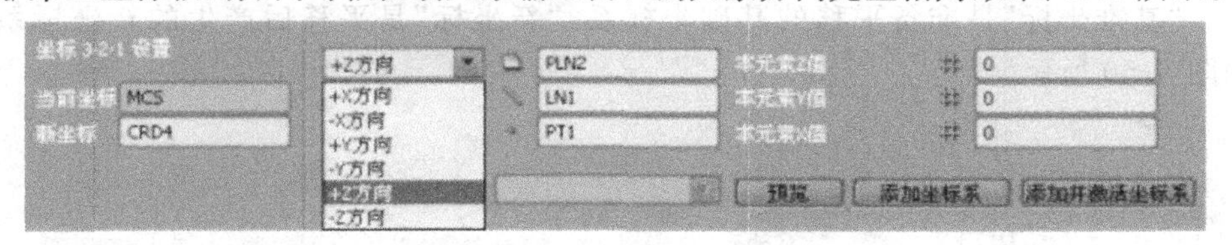

图 3.46　3-2-1 生成坐标界面——坐标轴控制窗口

原点输入窗口：用来控制新坐标系的原点位置。原点输入窗口可以接受数值输入，接受从变量数据区拖放实型变量，接受从元素数据区拖放可简化为点的元素，如图 3.47 所示。

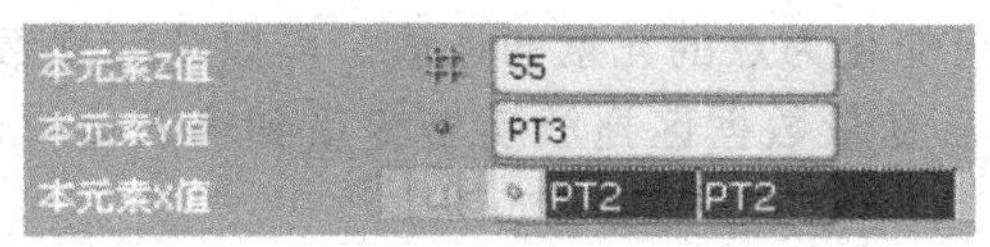

图 3.47　原点输入窗口

指示图标：

没有输入或非法输入。

合法的数值输入或实型变量输入。

元素输入，图标指示元素类型，图标颜色指示元素是实际元素还是理论元素。

在输入轴控制元素，选择好主/次/第三坐标轴方向，并设置好原点位置后，通过点击〈添加坐标〉或〈添加并激活坐标〉创建出被测零件在测量机上的坐标系。

3. 平移坐标

平移坐标的功能：可移动坐标的任意坐标或者全部坐标到拖放的元素上或者将基准坐标系沿其坐标轴方向平移到输入窗口中输入的数值大小的这么一段距离。

选择“操作选择工具条”中的“坐标”，如图 3.33 所示。

选择“平移”，如图 3.48 所示。

图 3.48　3-2-1 坐标系配置窗口（平移）

平移界面，如图 3.49 所示。

图 3.49　平移界面

“基准坐标”是准备平移的基础坐标系，“新坐标”是平移后产生的新坐标系，如图 3.50 所示。

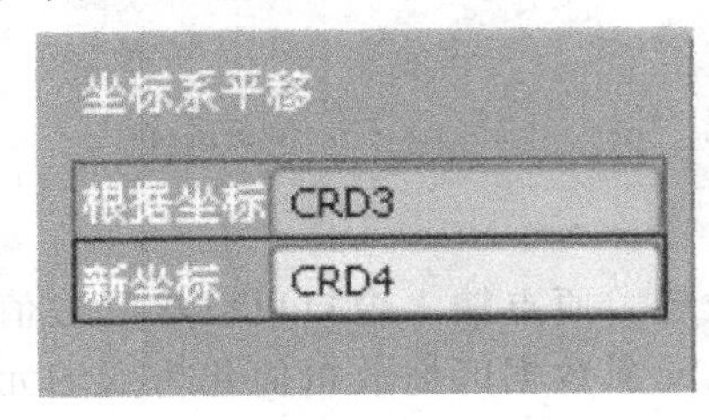

图 3.50　坐标系平移

图 3.51　元素数据区

输入窗口：接受可简化为点的元素的拖放。可以从元素数据区或从图形窗口中拖放到输入窗口，从变量数据区拖放实型变量到输入窗口，还可以直接输入移动的数值。

在双数据区窗口中，打开元素数据区，如图 3.51 所示。拖放实型变量到输入窗口，如图 3.52 所示。

图 3.52　拖放实型变量到输入窗口

在至少有一个输入窗口的输入合法且其他所有输入窗口都没有非法输入时，〈添加坐标〉和〈添加并激活坐标〉才能激活，点击〈添加坐标〉或〈添加并激活坐标〉完成坐标平移，生成新的坐标。

4. 旋转坐标

选择“操作选择工具条”中的“坐标”，如图 3.33 所示。

选择“旋转”，如图 3.53 所示。

图 3.53　3-2-1 坐标系配置窗口(旋转)

“旋转”界面如图 3.54 所示。

图 3.54　旋转界面

“基准坐标”是准备旋转的基础坐标系，“新坐标”是旋转后产生的新坐标系，如图 3.55 所示。

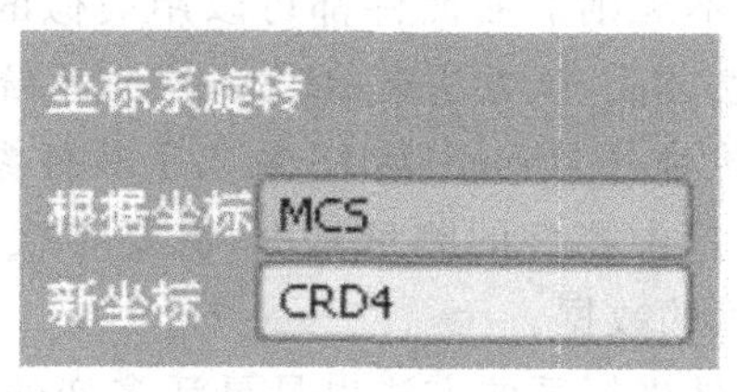

图 3.55　坐标系旋转

旋转轴选择窗口：是一个下拉选择框，有“X 轴”“Y 轴”和“Z 轴”3 个选项。

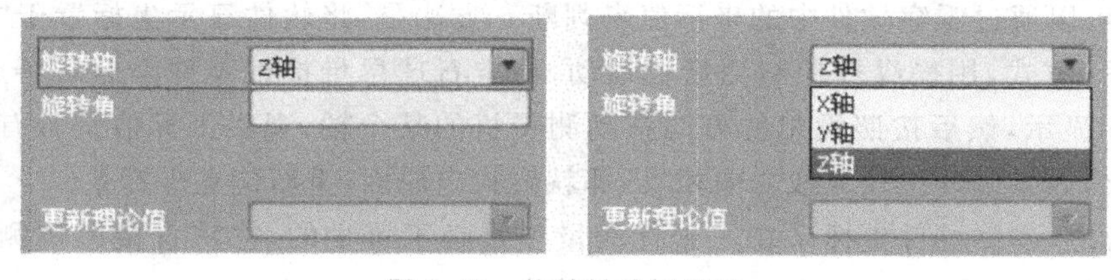

图 3.56　旋转轴选择窗口

旋转轴选择窗口也接受可简化为线的元素的拖放，这些元素可以从元素数据区或直接从图形窗口中拖放到旋转轴选择窗口，如图 3.57 所示。当在旋转轴选择窗口中选择一个可简化为线的元素时表示“新坐标系”是由“基准坐标系”沿着这个线元素旋转后的结果。这种旋转是包括“基准坐标”的坐标原点在内的全体旋转。

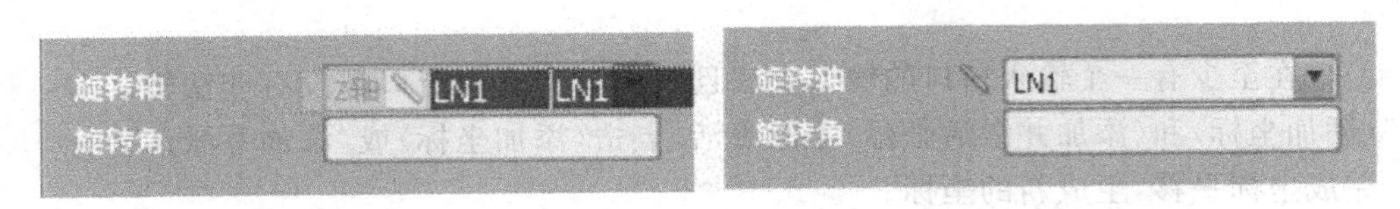

图 3.57　旋转轴选择窗口——线元素

在旋转角输入窗口输入适当的旋转角度，如图 3.58 所示。

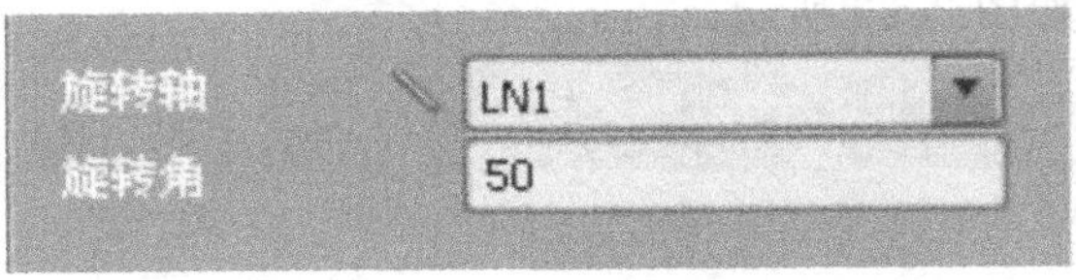

图 3.58　旋转角输入窗口

在至少有一个输入窗口的输入合法且其他所有输入窗口都没有非法输入时，〈添加坐标〉和〈添加并激活坐标〉才能激活，点击〈添加坐标〉或〈添加并激活坐标〉完成坐标平移，生成新的坐标。

随着三坐标测量软件功能的不断发展完善，已经可以用多种方式来建立坐标系，在 RationalDMIS 测量软件中就可以支持多种方式生成坐标系，其中多点拟合坐标系、三点啮合坐标系，就可以通过点元素或是能简化成点的元素建立零件坐标系，针对一些薄壁件和不规则的曲面件都可以用类似的方法建立；RPS 迭代是该软件突出的坐标系建立方法，该方法在 RPS 基准点系统的汽车零件建立坐标系中得到了广泛的运用。同时，RationalDMIS 加入了软件参与运算方法，减少测量误差。因此，在三坐标测量中零件的测量基准，需要有软件合理的坐标系建立方法支持才能测量出更准确的数据。

不同的零件，建立零件坐标系的方法也是灵活多变的。至于使用哪种建立零件坐标系的方法，要根据零件的实际情况而定。如何确定零件坐标系的建立是否正确，可以通过观察软件中的坐标值来判断。方法是：将软件显示坐标置于“零件坐标系”方式，用操纵杆控制测量机运动，使宝石球尽量接近零件坐标系零点，观察坐标显示，然后按照设想的方向移动测量机的某个轴，观察坐标值是否有相应的变化，如果偏离比较大或方向相反，那就要找出原因，重新建立坐标系。

总之，建立零件坐标系在三坐标测量里是必不可少的，它将直接影响测量结果准确性。

3.4　三坐标测量基本操作

3.4.1　测量的基本流程

一项完整的检测任务需要前期充分的准备、规划，才能保证检测工作顺利进行，测量准备是检测工作的基础。

对于一个零件检测，首先应该根据零件和图纸制定一个详细的检测规划，根据检测规划选择合适的夹具、匹配的测头，建立准确的坐标系以及编写合理的程序，最终得到真实的报告。具体流程图如图3.59所示。

测量规划内容包括：零件装夹方案设计，分析零件图纸，明确测量基准坐标系及确定检测内容。

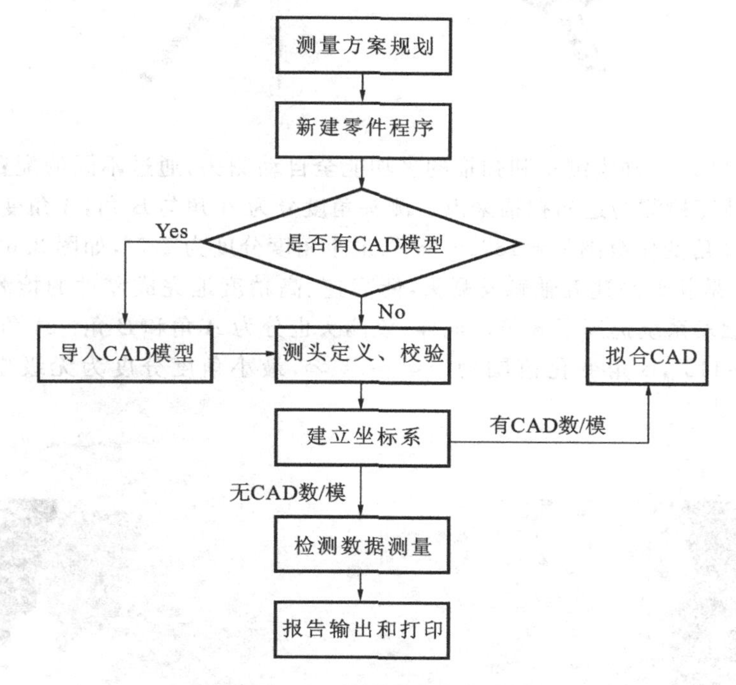

图3.59　检测基本流程图

3.4.2　测头的选用及校验

1. 测头的选用

一般来说，测头系统基本上由测座、测力模块、测针三部分组成。当然，有些多功能测头和部分高端的测头还配置其他相关测量配件及相关连接件。

测头是三坐标测量机触测被测零件的发讯开关，也是坐标测量机采集数据的关键部件，测头精度决定了测量机的测量重要性。

目前三坐标测量机常用的测头类型有以下几种：

MH20i 是一个手动双旋转分度测头，更换测头角度的过程需要人为辅助完成，测头角度分为 A 角与 B 角，A 角变化范围为 0°～90°，B 角变化范围为 −180°～180°，最小角度分度为 15°，如图 3.60 所示。

RTP20 是介于手动和自动可重复定位测座之间的一种全新混合型测座，它在其他相关配件的辅助下，可实现自动更换测头角度的动作。同样，测头角度也分为 A 角与 B 角，A 角变化范围为 0°～90°，B 角变化范围为 −180°～180°，最小角度分度为 15°，如图 3.61 所示。

图 3.60　MH20i

图 3.61　RTP20

PH10M 是一种集测量和扫描的多功能全自动测头，通过不同的配置，可快速实现零件精度检测与逆向扫描采点。测头角度分为 A 角与 B 角，A 角变化范围为 0°～105°，B 角变化范围为 −180°～180°，最小角度分度为 7.5°，如图 3.62 所示。

PH20 是新型高速五轴触发测头，能高速、高精度地完成零件的检测，测量效率比传统触发系统提高了 3 倍。同样，该测头也分为 A 角和 B 角。A 角变化范围为 −115°～115°，B 角变化范围为 −∞～+∞，最小角度分度为无级变速，如图 3.63所示。

图 3.62　全自动测头——PH10M

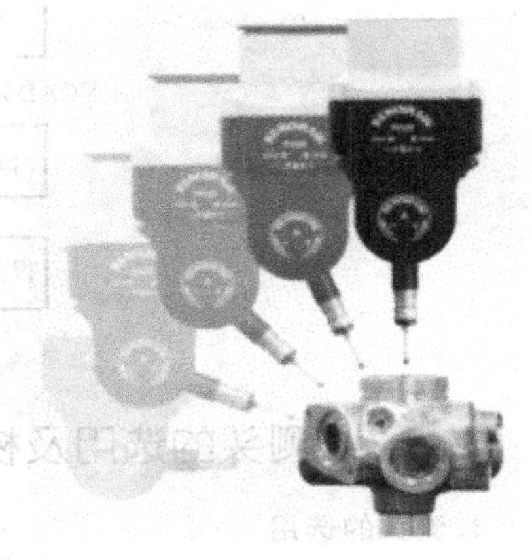

图 3.63　五轴触发测头——PH20

2. 测头校验

(1)测头校验目的。

测头校验过程是指对所定义测头的有效直径及位置参数进行测量的过程。为了完成这一任务，需要用被校验的测头对一个校验标准进行测量。

测头校验的目的为：①准确得到测针的红宝石球的有效直径，以便测量软件对测头半径进行补偿；②准确得到不同测头角度和默认第一个测头角度之间的位置关系。

(2)测头校验过程。

利用操纵杆在标准球的最大范围内触测 5 点，点的分布要均匀，如图 3.64 所示。计算机软件在收到这些点(宝石球中心坐标 X、Y、Z 值)后，进行球的拟合计算，得出拟合球的球心坐标、直径和形状误差，将拟合球的直径减去标准球的直径，就得出校正后测针宝石球的“直径”。在实物基准的每个测量点的球心坐标同它的已知直径比较。

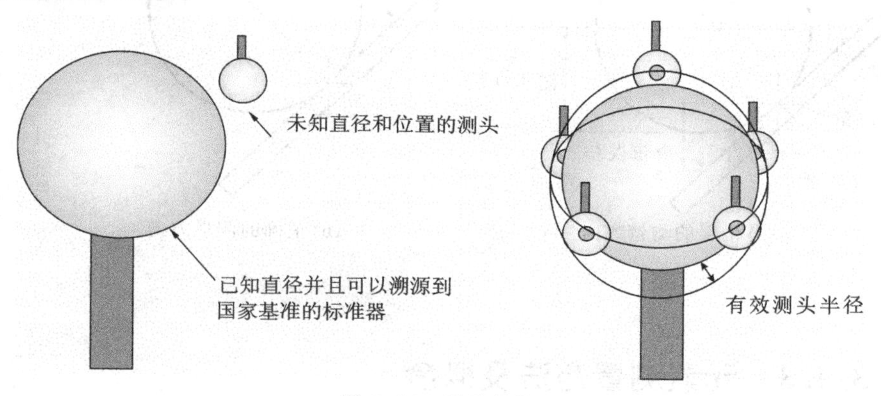

图 3.64　测头校验

根据测头标定前后显示的颜色分类，总共分为 5 种颜色：黑色、绿色、蓝色、红色以及灰色，每种颜色代表不同的含义。

黑色：测头未经标定。

绿色：测头标定过且标定结果合格。

蓝色：测头标定过但标定结果超差。

红色：测头标定结果数据过期。

灰色：已删除的不存在测头。

3. 测头需要重新标定的情况

(1)测座或者测针有拆卸过。

(2)添加新测头角度后。

(3)添加加长杆后。

(4)测针更换过后。

(5)标定结果超差时。

(6)标定数据过期时。

注意:探头校准时,不要移动校验球。移动校验球对不同测杆的校验,将引起没有必要的附加误差。测量时是否沿正确的矢量运动方向测量元素,也是影响测量数据准确与否的重要因素之一。

图 3.65 为正确的测量方向与错误的测量方向的对比,图 3.65(a)为系统对红宝石测头的补偿将在它的正下方,但补偿后的点并不在被测平面上,这就造成了所谓的“余弦误差”。但如果测量时选择与平面垂直的方向测量,则会得出正确的补偿结果。

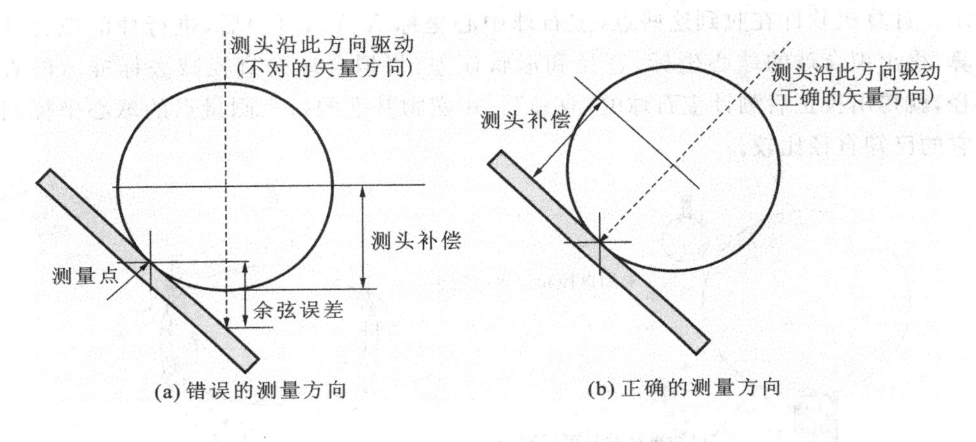

图 3.65 正确的测量方向与错误的测量方向

3.4.3 元素测量方法及拟合

坐标的测量元素包括:点、线、平面、圆、圆柱、圆锥、球、曲线、曲面。RationalDMIS 把测量元素分为两种:二维元素和三维元素。

对于二维元素测量,用工作平面设置来指示计算平面,工作平面方向被用于投影和探头补偿。

①探头补偿需要工作平面的元素有:点元素和边界点元素。

②计算需要工作平面的元素有:直线元素,圆元素,弧元素,椭圆元素,键槽元素,曲线元素。

另外,RationalDMIS 还提供了向量构建法用于投影和探头补偿设计。

对于三维元素测量,不使用工作平面,工作平面选择窗口和向量构建窗口会自动隐藏,RationalDMIS 通过加减探头直径来调整测量值。

1. 测量点元素

选择“操作选择工具条”中的“测量”,如图 3.66 所示。

图 3.66 操作选择工具条

选择“点”，如图 3.67 所示。“点”测量界面如图 3.68 所示。

图 3.67 3-2-1 坐标系配置窗口(点)

图 3.68 “点”的测量界面

移动测量机的测头，使其与零件表面轻轻接触，接触点即被测量，选择完成点的测量，在元素数据区便会创建新的点元素，如图 3.69 所示。

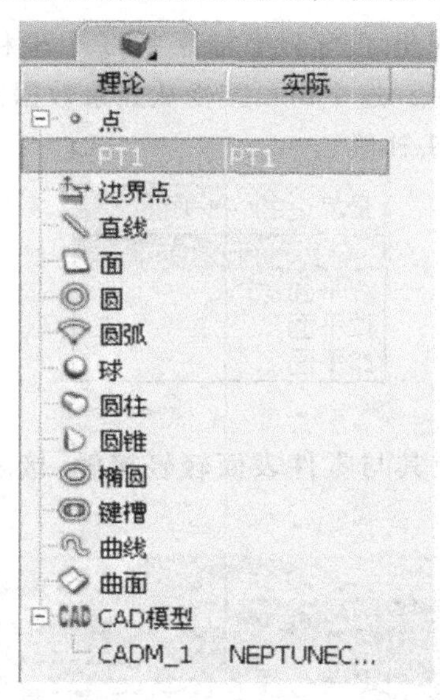

图 3.69 元素数据区

注意：测头的测量方向应尽量与工作平面的方向一致，以减少探头补偿的余弦误差。

2. 测量二维元素

RationalDMIS Measurement 系统中二维元素有直线、圆、圆弧、椭圆、键槽、曲线，测量这些元素时需要有工作平面，工作平面用来做计算平面。

选择“操作选择工具条”中的“测量”，如图 3.70 所示。

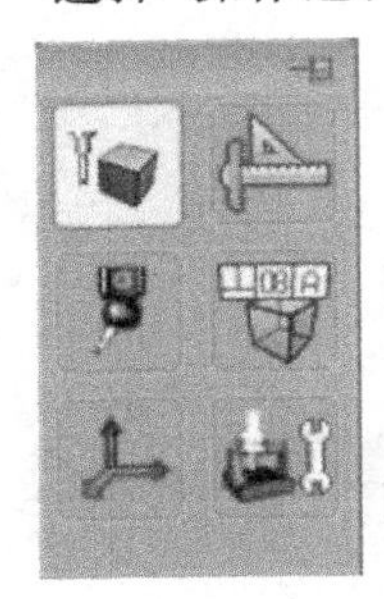

图 3.70　操作选择工具条

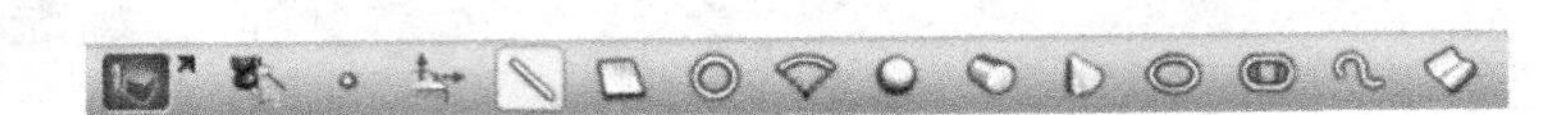

图 3.71　3-2-1 坐标系配置窗口(直线)

以测量直线为例，选择“直线”，如图 3.71 所示。“直线”的测量界面如图 3.72 所示。

图 3.72　“直线”的测量界面

工作平面选择窗口：列出了当前坐标系的 3 个坐标平面和 1 个“最靠近的 CRD 平面”，如图 3.73 所示。这个窗口接受从元素数据区拖放平面元素。拖放的平面元素用来做计算和探头补偿。

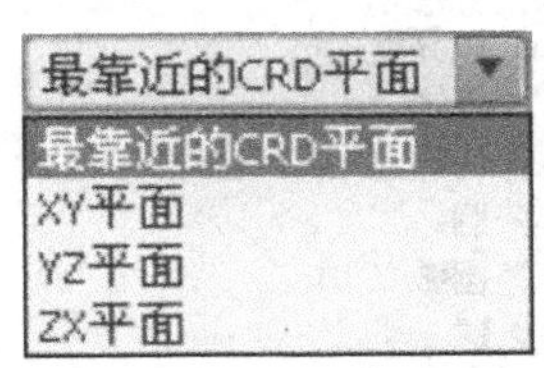

图 3.73　工作平面选择窗口

移动测量机的测头，使其与零件表面轻轻接触，接触点即被测量，如图 3.74 所示。

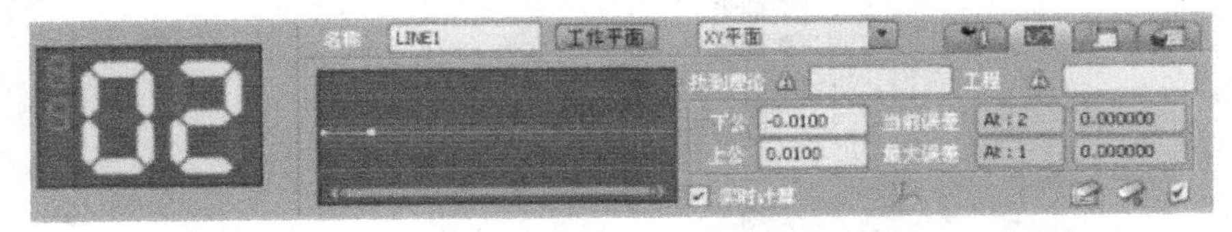

图 3.74　测量后的直线测量界面 1

在数字计数器窗口显示测量点的数目“红线框”，测量点被自动添加到误差显示窗口“蓝线框”，当鼠标在某个测量点上停留一会，就会弹出一个提示窗口显示这个点的实际误差。当前测量元素的误差会在误差窗口右边的窗口中以详细的数值显示出来“黑线框”，如图3.75所示。

图3.75 测量后的直线测量界面2

可通过点击（删除全部）和（删除）两按键删除不满意的测量点，直到测量点满足要求，点击按键完成测量，所测量的直线元素被自动添加到元素数据区中，如图3.76所示。

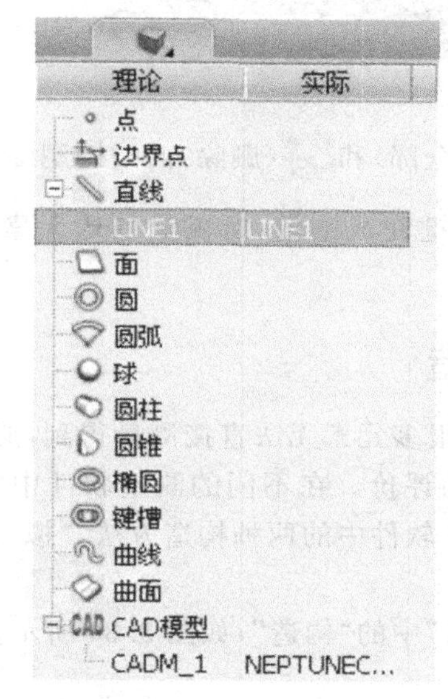

图3.76 元素数据区

3. 测量三维元素

RationalDMIS Measurement 系统中的三维元素有平面、球、圆柱、圆锥、曲面，测量这些元素时不需要用到工作平面，工作平面将自动隐藏。

选择“操作选择工具条”中的“测量”，如图3.70所示。

以测量球为例，选择“球”，如图3.77所示，“球”的测量界面如图3.78所示。

图3.77 3-2-1坐标系配置窗口(球)

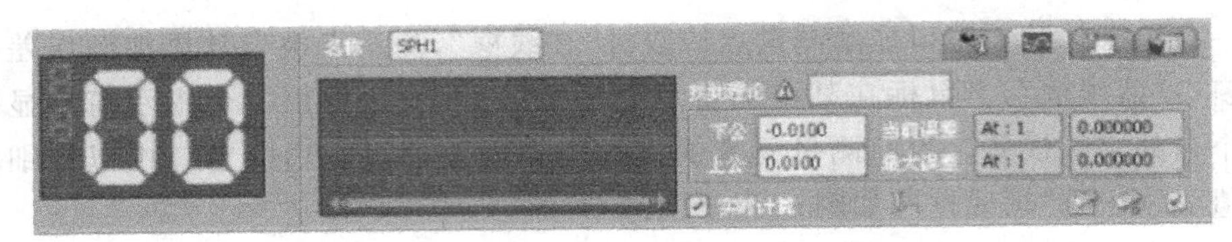

图 3.78　球的测量界面

移动测量机的测头，使其与零件表面轻轻接触，接触点即被测量。在数字计数器窗口显示测量点的数目“红线框”，测量点被自动添加到误差显示窗口“蓝线框”，当鼠标在某个测量点上停留一会，就会弹出一个提示窗口显示这个点的实际误差。当前测量元素的误差会在误差窗口右边的窗口中以详细的数值显示出来“黑线框”，如图 3.79 所示。

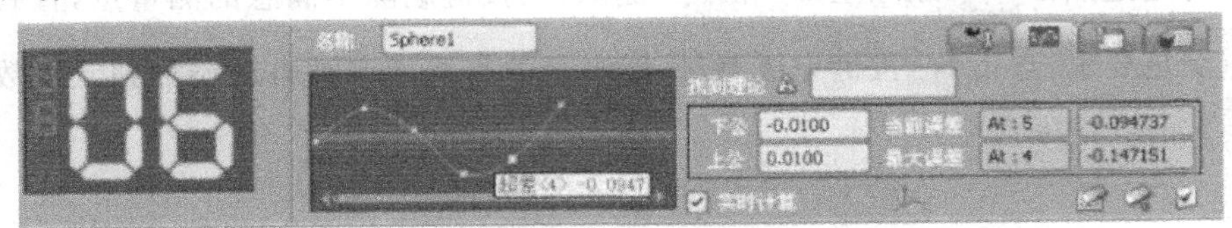

图 3.79　测量后的球测量界面

可通过点击（删除全部）和（删除）两按键删除不满意的测量点，直到测量点满足要求，点击按键完成测量，所测量的球元素被自动添加到元素数据区中。

3.4.4　元素构造

在日常的检测过程中很多元素无法直接测量得到，必须使用测量功能构造相应的元素，才能完成元素的评价。在不同的测量软件中实现的构造方法不同，本文详细介绍 RationalDMIS 软件中的两种构造方法：“拟合”和“相交”。

1. 拟合

选择“操作选择工具条”中的“构造”，如图 3.80 所示。

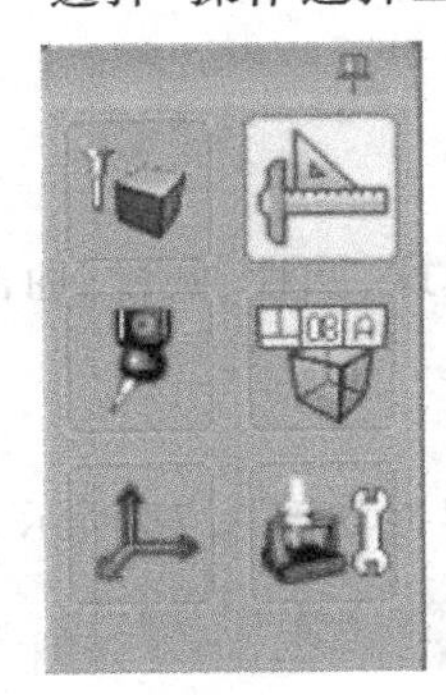

图 3.80　操作选择工具条　　　　图 3.81　3-2-1 坐标系配置窗口(拟合)

选择“拟合”构造，如图 3.81 所示，“拟合”构造界面如图 3.82 所示。

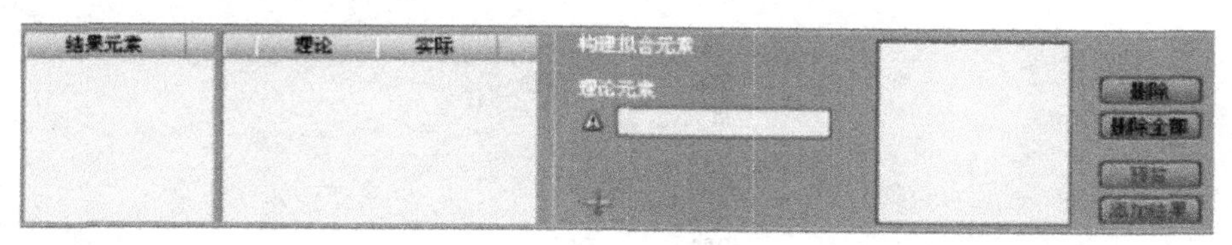

图 3.82　“拟合”构造界面

构造元素列表窗口“红线框”：列出所有用来构造的元素名称，它接受从元素数据区拖放元素。

在双数据区中，打开元素数据区窗口，如图 3.83 所示。

图 3.83　元素数据区窗口

从元素数据区拖放元素到构造元素列表窗口，如图 3.84 所示。

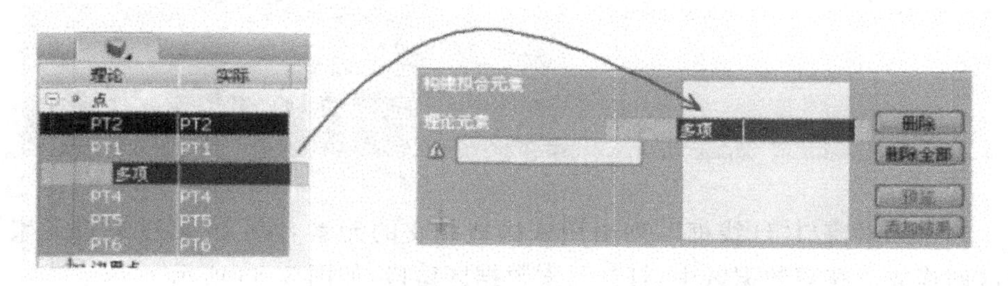

图 3.84　元素拖放示意图

拖放后在构造元素列表窗口“红线框”显示拖放的元素，在构造结果窗口“蓝线框”显示所有可能的构造结果，如图 3.85 所示。

结果元素		理论	实际
BFCI1	X	70.0397	70.0397
BFCY1	Y	121.7140	121.7140
[illegible]	Z	50.8908	50.8908
BFSP1	I	0.9135	0.9135
BFPL1	J	0.4067	0.4067
BFCO1	K	0.0132	0.0132

构建拟合元素
理论元素
PT2
PT1
PT3
PT4
PT5
PT6
删除
删除全部
预览
添加结果

图 3.85　元素拖放后的构造元素列表窗口

元素前的图标指示元素类型，红色图标指示元素是实际元素，蓝色图标指示元素是理论元素。当点击元素前的图标切换元素理论值和实际值时，构造结果元素的属性也随之改变。

通过点击（删除全部）和（删除）可删除任意构造元素，可点击完成构造，构造结果元素被自动添加到元素数据区中，如图 3.86 所示。

2. 相交

选择“操作选择工具条”中的“构造”，如图 3.80 所示。

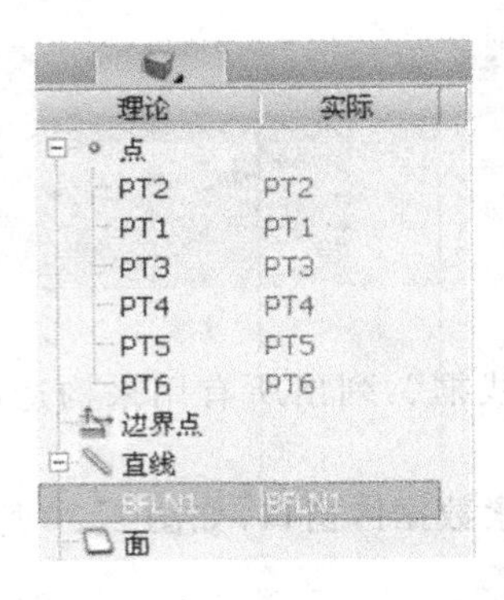

图 3.86　元素数据区

选择“相交”构造，如图 3.87 所示。“相交”构造界面如图 3.88 所示。

图 3.87　3-2-1 坐标系配置窗口(相交)

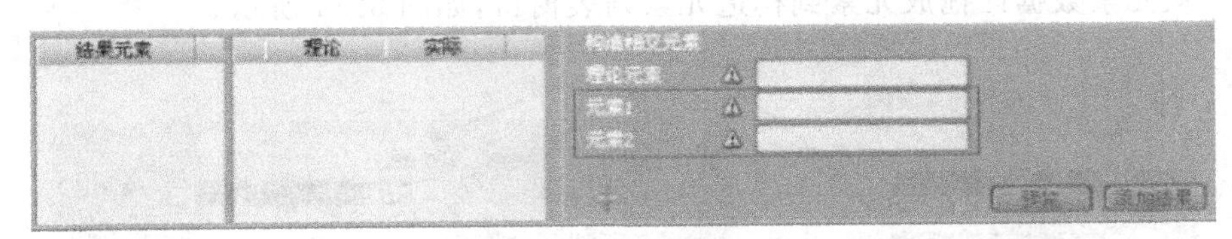

图 3.88　“相交”构造界面

构造元素窗口“红线框”：列出用来构造相交的元素名称，它接受来自元素数据区的拖放。在双数据区中，打开元素数据区窗口，如图 3.83 所示。

从元素数据区拖放元素到构造元素窗口，如图 3.89 所示。

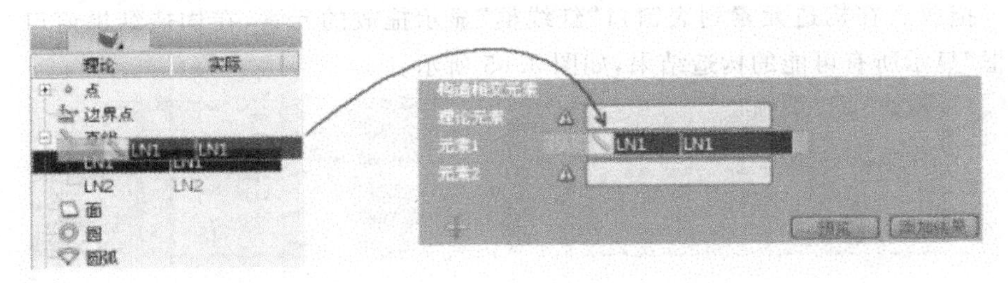

图 3.89　元素拖放示意图

拖放后在构造元素窗口“红线框”：显示拖放的元素，在构造结果窗口“蓝线框”显示所有可能的构造结果，如图 3.90 所示。

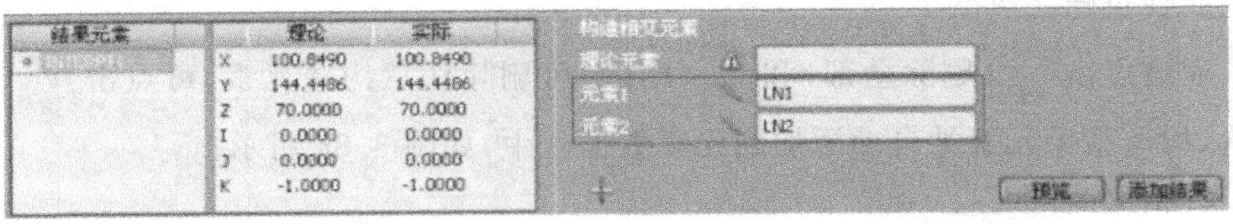

图 3.90　元素拖放后的构造元素列表窗口

元素前的图标指示元素类型，红色图标指示元素是实际元素，蓝色图标指示元素是理论元素。当点击元素前的图标切换元素理论值和实际值时，构造结果元素的属性也随之改变。

通过点击（删除全部）和（删除）可删除任意构造元素，可点击完成构造，构造结果元素被自动添加到元素数据区中。

3.4.5 创建公差检测

尺寸误差是对于零件特征之间的长、宽、高、夹角、直径、半径等类型尺寸进行测量评价的参数，可以通过尺寸误差评价输出测量和计算结果，并生成测量报告。本文详细介绍RationalDMIS软件中的“距离公差”和“直径公差”的功能。

1. 距离公差

选择“操作选择工具条”中的“公差”，如图3.91所示。

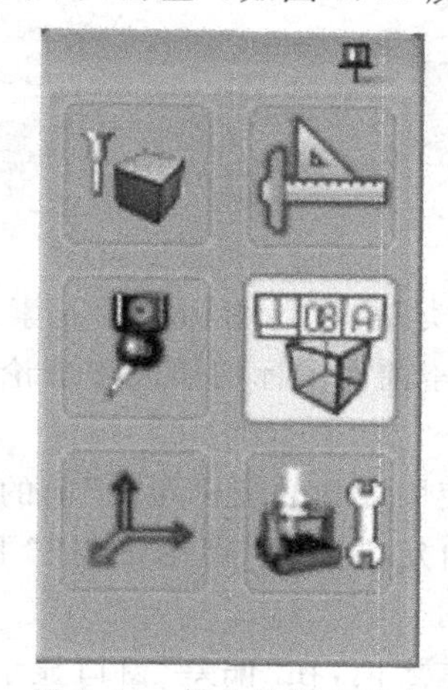

图3.91 操作选择工具条

选择“距离公差”，如图3.92所示。“距离公差”操作界面如图3.93所示。

图3.92 “距离公差”选择窗口

图3.93 “距离公差”操作界面

元素名窗口“红线框”：列出用来创建距离公差的元素名称，它接受来自元素数据区的拖放。在双数据区中，打开元素数据区窗口，从元素数据区拖放元素到元素名窗口，如图3.94所示。

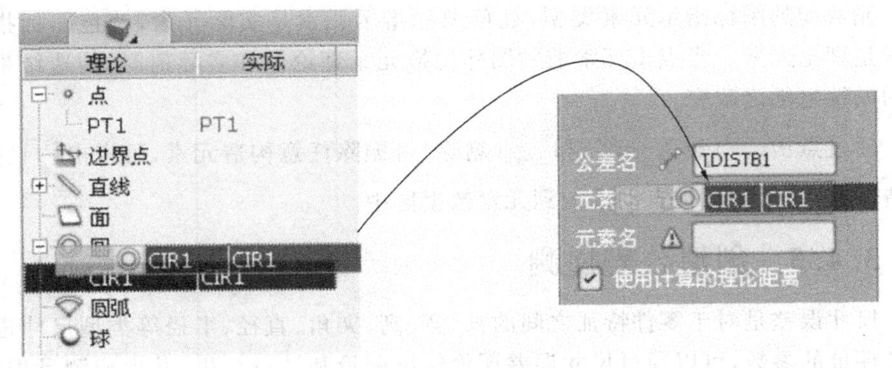

图 3.94 元素拖放示意图

拖放后在元素名窗口"红线框"显示拖放的元素，在长度公差窗口"蓝线框"显示距离公差值，如图 3.95 所示。

图 3.95 "距离公差"元素名窗口

元素前的图标指示元素类型，红色图标指示元素是实际元素，蓝色图标指示元素是理论元素。当点击元素前的图标切换元素理论值和实际值时，距离公差值也随之改变。

点击操作界面右下角"使用计算的理论距离"前的复选框，选择不使用计算的理论距离。此时，我们可以自定义输入"理论距离""下公差""上公差"，还可以改变"计算方式"和"距离方式"。

偏差在定义的上、下公差之内，在"偏差"窗口显示"In Tol"。相反，当偏差超出定义的公差范围，在"偏差"窗口将显示具体的偏差值。

点击"接受"完成公差创建，创建的距离公差被自动添加到公差数据区中。

2. 直径公差

选择"操作选择工具条"中的"公差"。

选择"直径公差"，如图 3.96 所示，"直径公差"操作界面如图 3.97 所示。

图 3.96 "直径公差"选择窗口

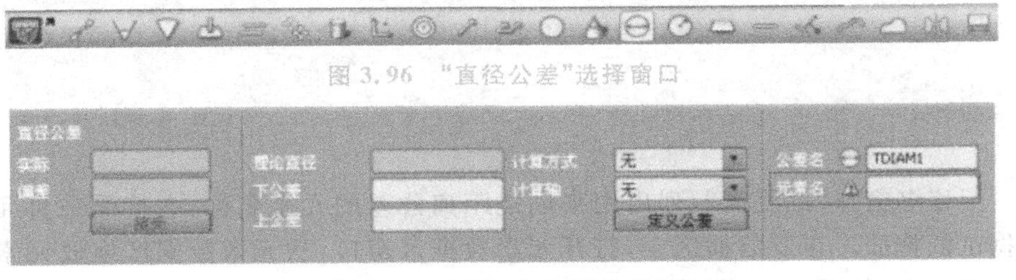

图 3.97 "直径公差"操作界面

元素名窗口“红线框”:列出用来创建直径公差的元素名称,它接受来自元素数据区的拖放。在双数据区中,打开元素数据区窗口,双击被拖放的元素标签,在右边自动弹出元素的属性页,如图 3.98 所示。

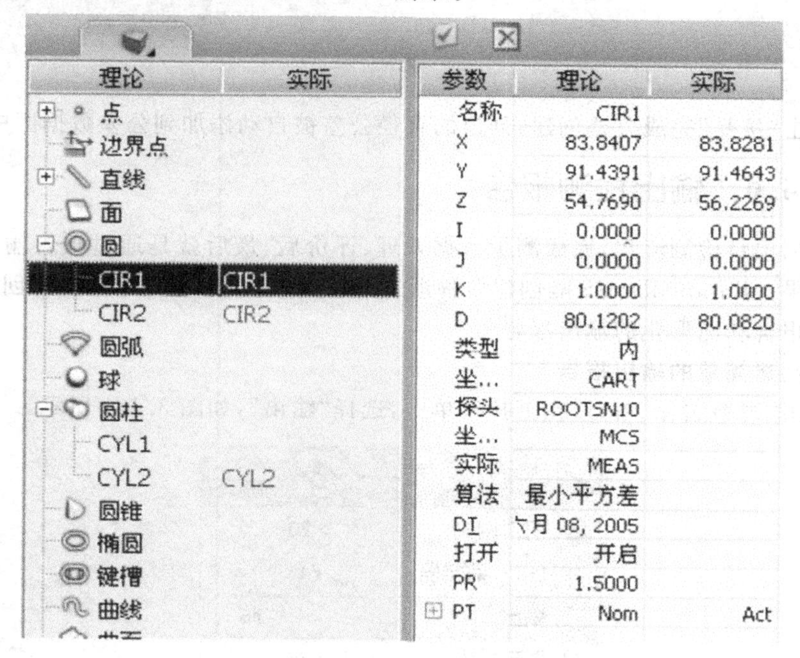

图 3.98　元素数据区窗口

从元素数据区拖放此元素到元素名窗口,如图 3.99 所示。

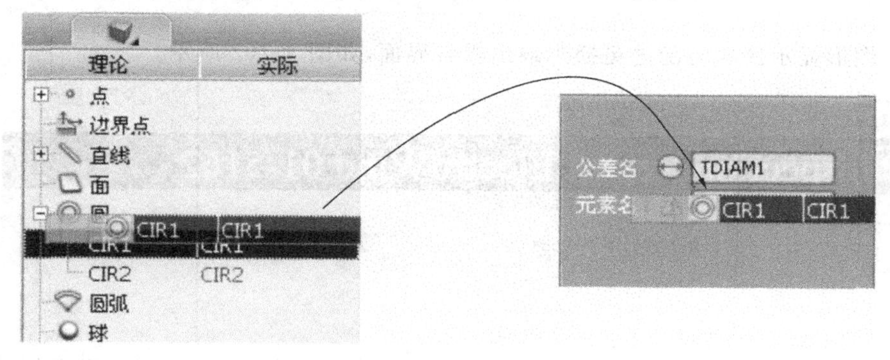

图 3.99　元素拖放示意图

拖放后在元素名窗口“红线框”显示拖放的元素,理论直径窗口“蓝线框”显示拖放元素的理论直径,实际窗口“黑线框”显示拖放元素的实际直径,如图 3.100 所示。自定义输入“下公差”“上公差”,当偏差在定义的上、下公差之内,“偏差”窗口显示“In Tol”。相反,当偏差超出定义的公差范围,在“偏差”窗口将显示具体的偏差值。

图 3.100 "直径公差"元素名窗口

点击"接受"完成公差创建，创建的直径公差被自动添加到公差数据区中。

3.4.6 输出检测报告

依据项目检测流程，完成测量数据处理、评价后，最后就是通过报告输出呈现检测结果。RationalDMIS 能创建多种形式的输出报告，本书将介绍如何创建简单的输出报告和图形化的输出报告。

1. 创建简单的输出报告

点击"视窗选择"窗口，在下拉菜单中，选择"输出"，如图 3.101 所示。

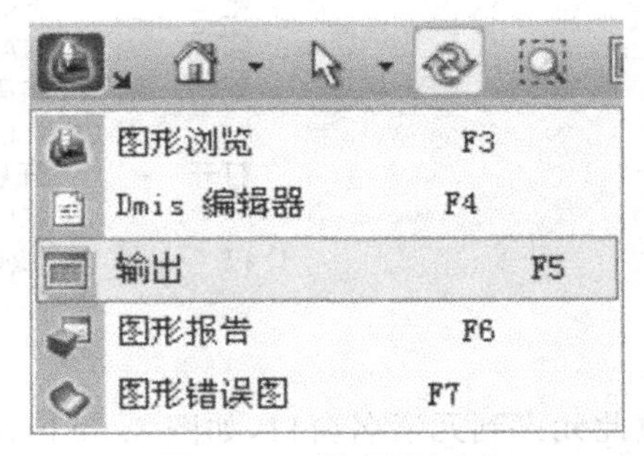

图 3.101 选择"输出"

图形显示区域将随之更换到输出报告界面，如图 3.102 所示。

图 3.102 输出报告界面

在双数据区中，打开元素数据区窗口。要创建元素的测量报告，只需用鼠标拖放元素到输出报告界面上，软件将自动创建元素的输出报告，如图 3.103 所示。

(输出设置)用来设置输出窗口的各种属性，让用户实现定制风格各异的输出报告。"输出设置"树有 5 个父节点，分别是"设备定义"节点、"格式定义"节点、"元素定义"节点、"小数点位数"节点和"输出样式"节点。

Inspection Report ElectroWind 01-5162

公司： 爱科腾瑞科技（北京）有限公司
操作员： Larry Jones 0022
日期和时间： 2005年6月8日 下午 03:01:22

PT1 [DEMO Version] MCS/MM/ANGDEC/CART/XYPLAN

	154.2460	147.9454	-6.2995	0.0009	0.0004	-6.3003
	53.4891	47.4175	-6.0719	0.0009	0.0006	-6.0728
	69.6489	69.9145	0.2662	0.0004	0.0008	0.2653
	0.0000	0.2653	0.2653	0.0000	0.0000	0.2653

CIR1 [DEMO Version] MCS/MM/ANGDEC/CART/XYPLAN

	83.8408	83.8284	-0.0123	0.0001	0.0008	-0.0123
	91.4399	91.4648	0.0258	0.0002	0.0007	0.0251
	54.7696	56.2276	1.4581	0.0008	0.0007	1.4573
	80.1202	80.0820	-0.0382	-0.0200	0.0200	-0.0091
	0.0000	0.0000	0.0000			
	0.0000	0.0000	0.0000			
	1.0000	1.0000	0.0000			

图 3.103 创建元素的输出报告

在双数据区中，打开公差数据区窗口，拖放公差到输出界面，系统自动添加拖放的公差到输出报告。

点击（删除选择项）或（删除全部）可删除输出报告列表，通过点击（保存）按键保存现有输出报告，保存的输出报告为. html 文件。

2. 创建图形化的输出报告

用户可以在图形报告窗口创建图形化的报告，并以两种方式传送到输出窗口。

(1)在图形报告区，点击“到输出窗口”按键，软件会自动把图形报告传送到输出报告窗口，如图 3.104 所示。

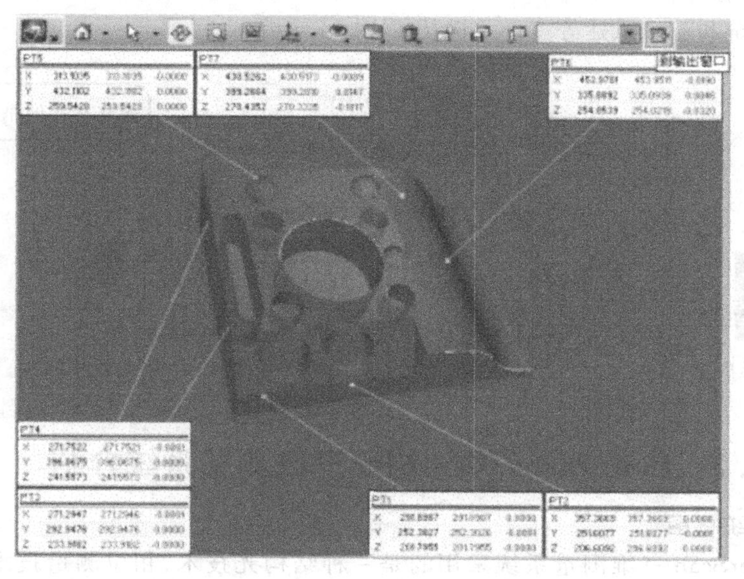

图 3.104 输出报告窗口

(2)先在“图形报告窗口”选择保存按键，把图形报告保存至双数据区的“自定义视图”数据窗口，再从数据区把保存的图形报告拖放到输出报告窗口。

模块 4　非接触式 3D 测量技术

4.1　三维激光扫描技术

4.1.1　典型的基于面结构光三维测量系统的结构

典型的基于面结构光三维测量系统的结构简图如图 4.1 所示。此系统由一个数字光栅投影装置和一个(或多个)CCD 摄像机组成,测量时使用数字光栅投影装置向被测物体投射一组光强呈正弦分布的光栅图像,并使用 CCD 摄像机同时拍摄经被测物体表面调制而变形的光栅图像;然后利用拍摄得到的光栅图像,根据相位计算方法得到光栅图像的绝对相位值;最后根据预先标定的系统参数或相位-高度映射关系计算出被测物体表面的三维点云数据。此系统涉及相位计算、系统参数标定和三维重建等多个关键技术[41]。

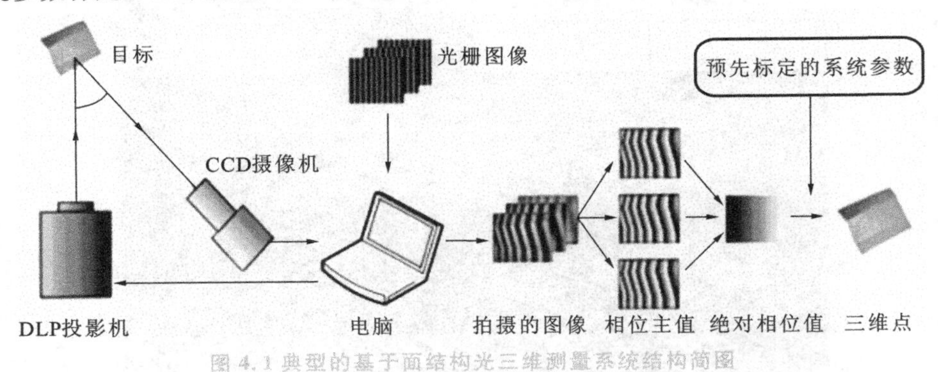

图 4.1 典型的基于面结构光三维测量系统结构简图

4.1.2　PowerScan 系列快速三维测量系统介绍

1. 系统框图

PowerScan 三维测量系统采用的是一种结构光技术、相位测量技术、计算机视觉技术的复合三维非接触式测量技术[42]。测量时光栅投影装置投影特定编码的光栅条纹到待测物体上,摄像机同步采集相应图像,然后通过计算机对图像进行解码和相位计算,并利用匹配技术、三角形测量原理,解算出摄像机与投影仪公共视区内像素点的三维坐标,通过三维测量系统软件界面可以实时观测相机图像以及生成的三维点云数据。系统框图如图 4.2 所示。

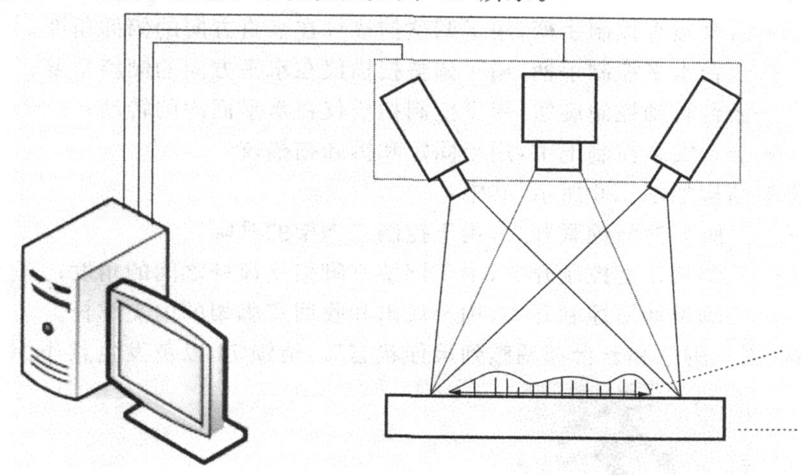

图 4.2　系统框图

2. 三维测量系统结构

PowerScan 三维测量系统主要由高精度的 CCD 摄像机、投影设备、标定板、云台和三角架等组成，结构如图 4.3 所示。

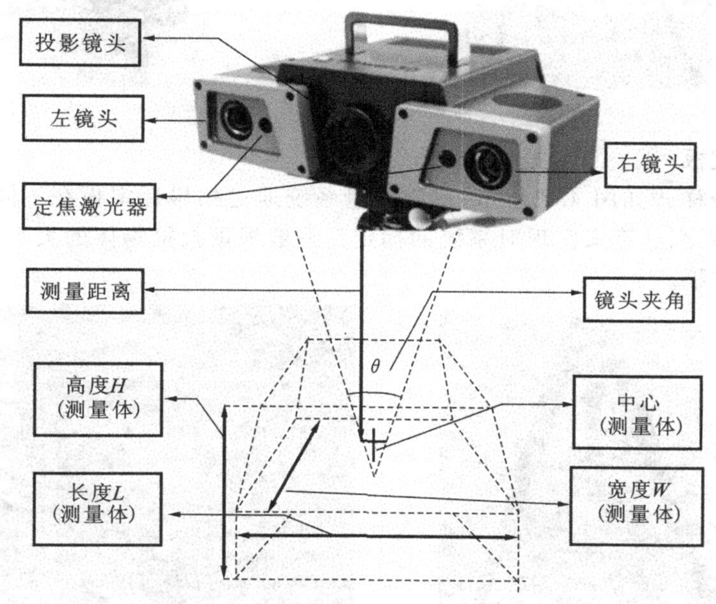

图 4.3　三维测量系统结构示意图

3. 三脚架和云台介绍

如图 4.4 所示，系统中配合使用三脚架和云台来稳定三维测量系统的位置。三脚架主要用来稳定三维测量系统并且调整测量高度，云台主要用来调整系统的俯仰角度。下面详细介绍云台和三脚架的组成及各组件功能。

云台的结构如图 4.5 所示，其中：

①——云台竖直控制手柄，用于调整扫描仪在竖直方向的俯仰角度；

②——云台水平控制手柄，用于调整扫描仪在水平方向的倾斜角度；

③——云台转动控制旋钮，用于控制扫描仪在水平面内的转动；

④——云台安装控制把手，用于固定和拆卸扫描仪。

三脚架结构如图 4.6 所示，其中：

①——三脚架升降锁紧开关，用于控制三脚架的升降；

②——三脚架角度控制开关，用于调整三脚架支撑杆之间的角度；

③——三脚架伸缩控制开关，用于放出和收回三脚架的内支撑杆。

注意：当三脚架和云台都调整到最佳状态后，请锁定，以免发生意外。

图 4.4　三脚架和云台

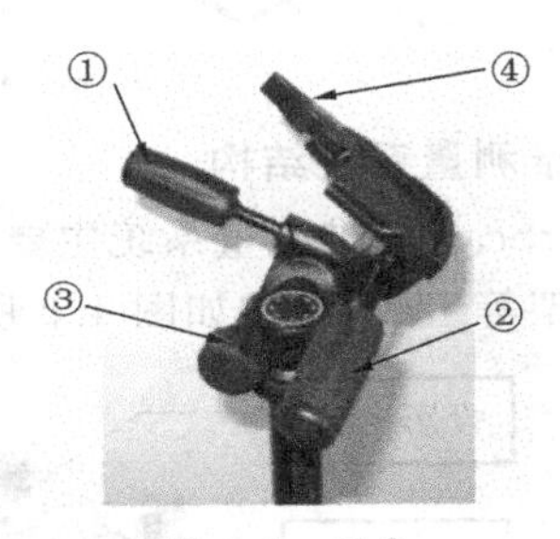

图 4.5　云台

4. 标定板

标定板样式如图 4.7 所示，三维测量系统通过拍摄标定板在不同位置的图像，经过一系列计算来实现对系统的标定。一般根据扫描物体的大小，选择不同尺寸的标定板。

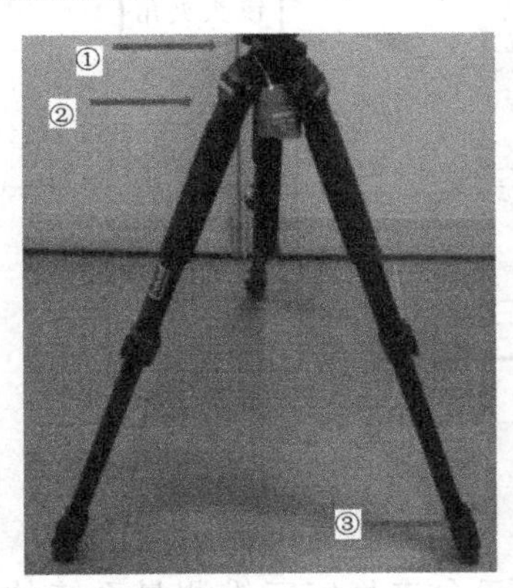

图 4.6　三脚架

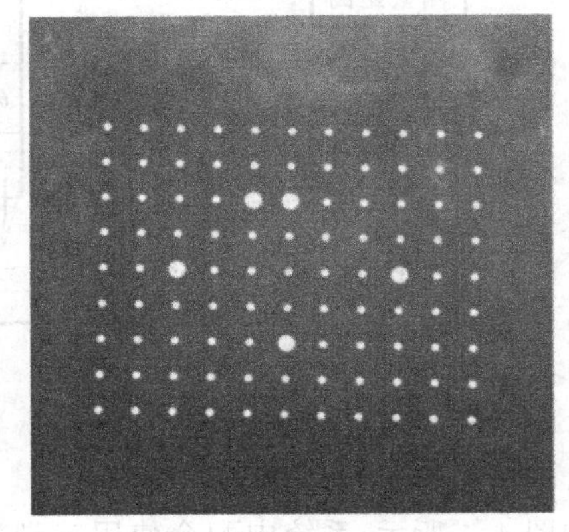

图 4.7　标定板

注意：使用过程中请保持标定板干净整洁，确保标记点准确完整。

4.1.3　三维测量系统安装调试

1. 环境要求

环境温度：-10 ℃～35 ℃(为达到最佳测量精度，将机器置于恒温环境为宜)。

环境空气湿度：10%～90%非液化(请尽量保持环境干燥)。

环境光线：应将本机器置于无频闪光源、弱光照的稳定光强环境。

工作环境：置于可稳定放置的环境中工作。通常将其与三脚架稳固连接，或者直接将其置于工作平台上使用。

其他要求：工作时测量系统与样品的工作距离应保持固定，直至扫描测量结束(周围无震动源)。请勿敲击、碰撞本产品，运输时请将其置于工具箱中，轻拿轻放。

2. 配置要求

电源：220 V 交流电源

操作系统：Windows 7 32 位旗舰版或专业版(推荐)

电脑：台式电脑

处理器：英特尔 Core i5 750@2.67GHz

主板：微星 P55-SD50(MS-7586)

芯片组：英特尔 Core Processor DMI-P55 Express 芯片组

内存：4 GB(金士顿 DDR3 1333MHz)

主硬盘：500 GB(西数 WDC WD5000AAKS-00V1A0)

主显卡：512 MB(Nvidia GeForce GT 240)

显示器：19 英寸宽屏(1440×900)液晶显示器

3. 硬件连接

图 4.8 所示是三维测量系统与电脑主机连接的连线图。

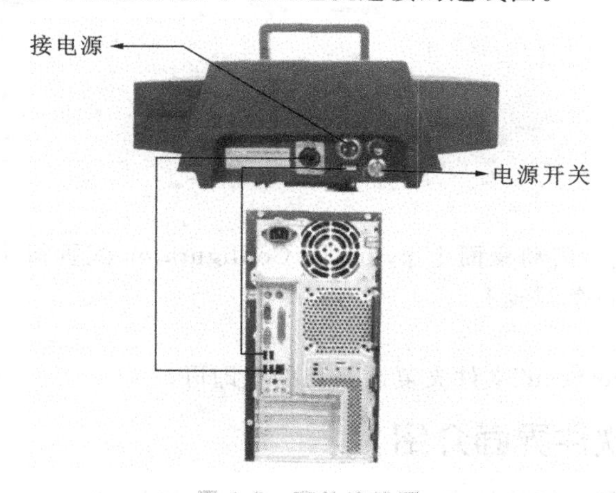

图 4.8　硬件连线图

4. 系统驱动和软件安装

硬件接线完成后，打开计算机和三维扫描仪电源，放入安装光盘，并按照以下顺序安装。

①运行时库安装。

打开光盘“运行时库”文件夹，双击“MCRIstaller. exe”文件，根据软件安装步骤提示进行操作，直到安装完成，如图 4.9 所示。

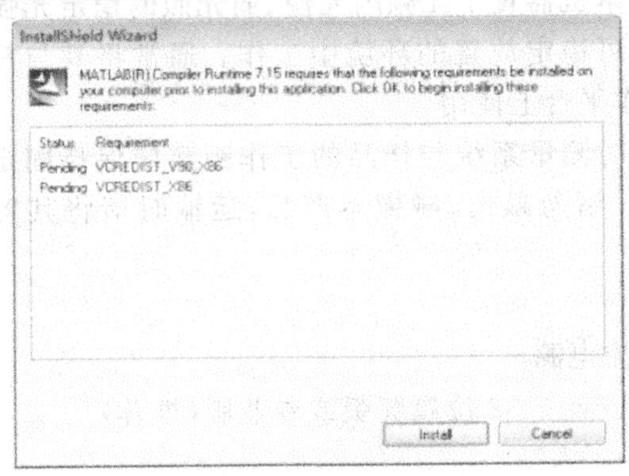

图 4.9 运行时库安装界面

②相机驱动安装。

打开光盘“basler 相机驱动”文件夹，双击“Basler pylon x64 4. 1. 0. 3660. exe”文件(32 位程序则打开 Basler pylon x86 4. 1. 0. 3660. exe)，根据软件安装步骤提示进行操作，直到安装完成，如图 4.10 所示。

图 4.10 Basler 相机驱动安装界面

注：安装完成后启动桌面上 pylon IP Configurator 配置每个相机的静态 IP，使其与网卡在同一个网段上。

③软件安装。

将光盘“PowerScan”文件夹复制至目的盘即可。

4.1.4 软件界面介绍

打开三维测量系统软件，软件主界面包括以下栏目，如图 4.11 所示。

标题栏：本系统名称和当前活动窗口。

菜单栏：包括所有的操作选项。

工具栏：提供了操作的快捷方式。

视窗栏：如图 4.11 上面的数字所示。

①文件名视窗：显示已扫描测量文件名称。

②显示视窗：显示已扫描测量获得的物体三维数据。

③场景视窗：显示相机拍摄到被测量物体的图像场景。

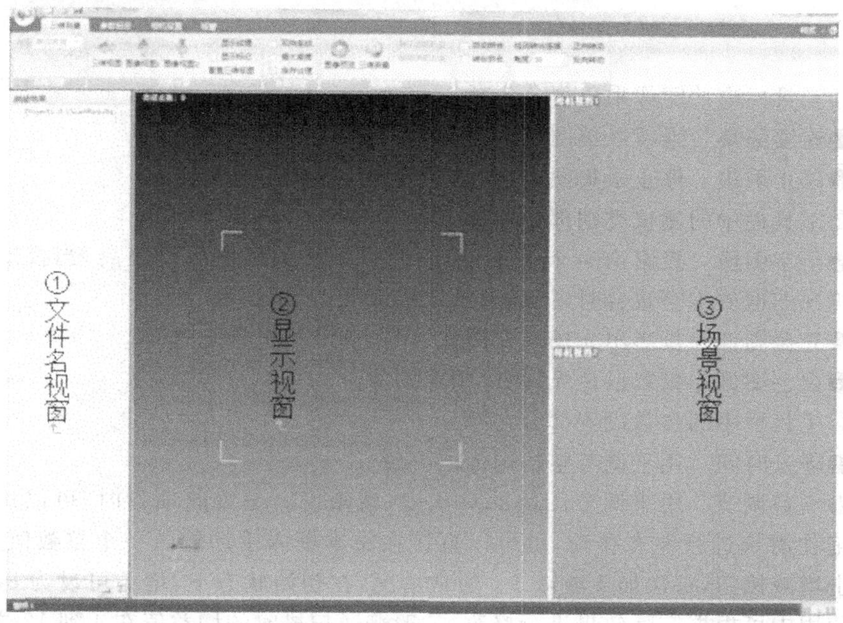

图 4.11 三维扫描系统软件主界面

(1)文件菜单如图 4.12 所示，包括“新建”“打开”“保存”和“另存为”四个功能。

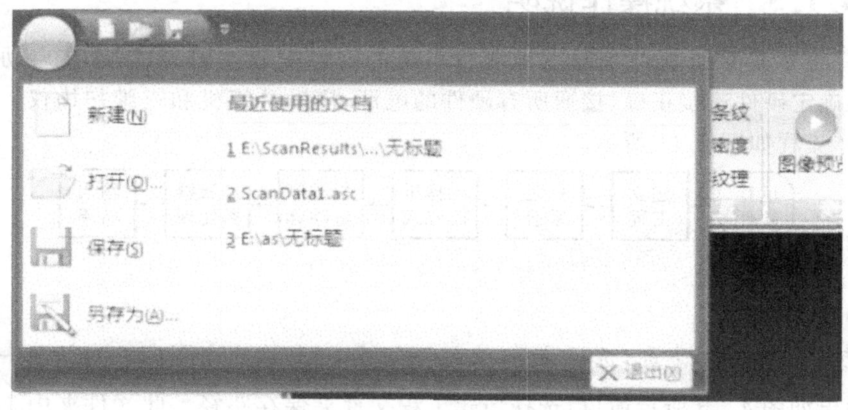

图 4.12 文件菜单

(2)相机设置工具栏如图 4.13 所示,包括“图像采集”“参数设置”等相关功能。

图 4.13　相机设置工具栏

①工具栏中的图像采集部分包括:

●连续采集　连续采集图像;

●停止采集　停止采集图像。

②工具栏中的测试类别部分包括:

●十字图像　投影出一个十字,用以调节系统的最佳测量距离,当投影十字与相机视图框内十字重合时,扫描测量效果最佳;

●光栅图像　投影出光栅条纹图像,用以调节相机曝光时间;

●白色图像　投影白色光,用以预览图像。

③工具栏中的参数设置部分包括:

●曝光时间　用于调节整幅图像的亮度。

●增益调节　用于调节图像的对比度、清晰度。设置此项目时,可以用鼠标左键拖住滑块进行左右移动,也可以直接在文本框内手动输入一个整数值,还可以点击增减按钮,每次加 1 或减 1。通常情况,在初始状态下,增益可设为 8,在以后的使用中可根据实际效果进行修改,一般普通扫描时的增益值在 4 到 12 之间。

●包长调节　根据计算机带宽选择包长。

4.1.5　系统操作说明

三维测量系统软件是与三维测量系统的硬件配套使用的,因此在启动软件时,要确定硬件连接正确,接通所有硬件的电源,启动计算机和三维扫描仪。系统的操作流程如图 4.14 所示。

图 4.14　系统操作流程

1. 建立工程

扫描测量物体之前,选择菜单“文件→新建工程”或点击图标 ,新建一个工程,弹出如图 4.15 所示窗口,选择新建工程文件夹保存路径。此文件夹中不仅包含工程的配置,而且还包含扫描测量时得到的三维点云数据。

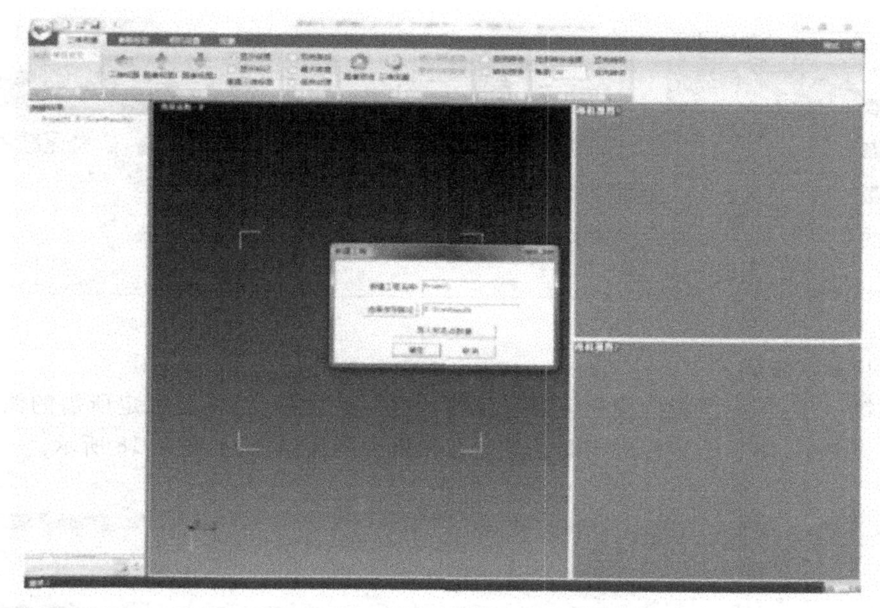

图 4.15　"新建工程"对话框

2. 系统标定

标定就是通过建立成像的几何模型并求解模型参数来确定扫描物体表面某点的三维几何位置与其在图像中对应点之间的相互关系的过程。标定的精度将直接影响系统的扫描测量精度。

一般遇到以下情况需要进行标定：

①测量系统初次使用，或长时间放置后使用；

②测量系统使用过程中发生碰撞，导致相机位置偏移；

③测量系统在运输过程中发生严重震动；

④测量过程中发现精度严重下降，如频繁出现拼接错误、拼接失败等现象；

⑤更改扫描测量范围时对相机进行位置调整；

⑥扫描测量精度要求较高时，也可通过重新标定获得。

本文将详细介绍一下 PowerScan 三维测量系统的标定步骤与流程，标定操作的流程图如图 4.16 所示。

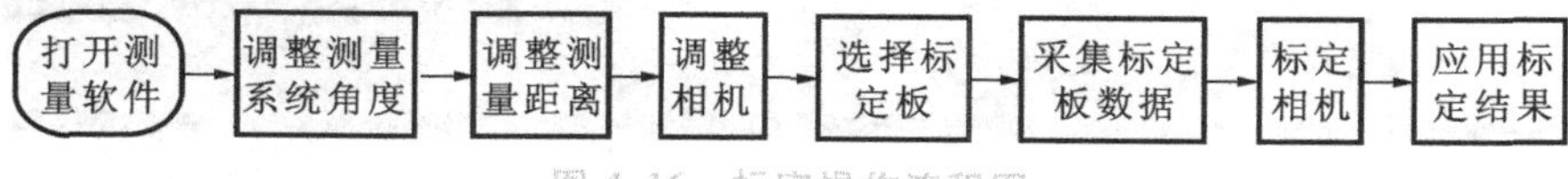

图 4.16　标定操作流程图

标定开始之前首先设定标定板参数，参数包括标点圆心的行数、列数和圆心之间的距离，如图 4.17 所示。标定板参数设置好后，按如下步骤和流程进行测量系统标定。

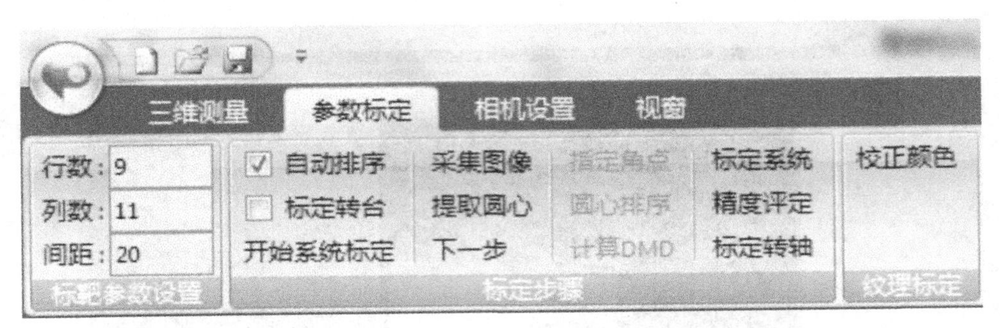

图 4.17　设置标定板标题栏

1)标定步骤

第一步：将标定板放置在合适的位置，点击“采集图像”采集标定所需的图像，采集完毕后，用于标定相机的图像显示在相机视图窗口内，如图 4.18 所示。

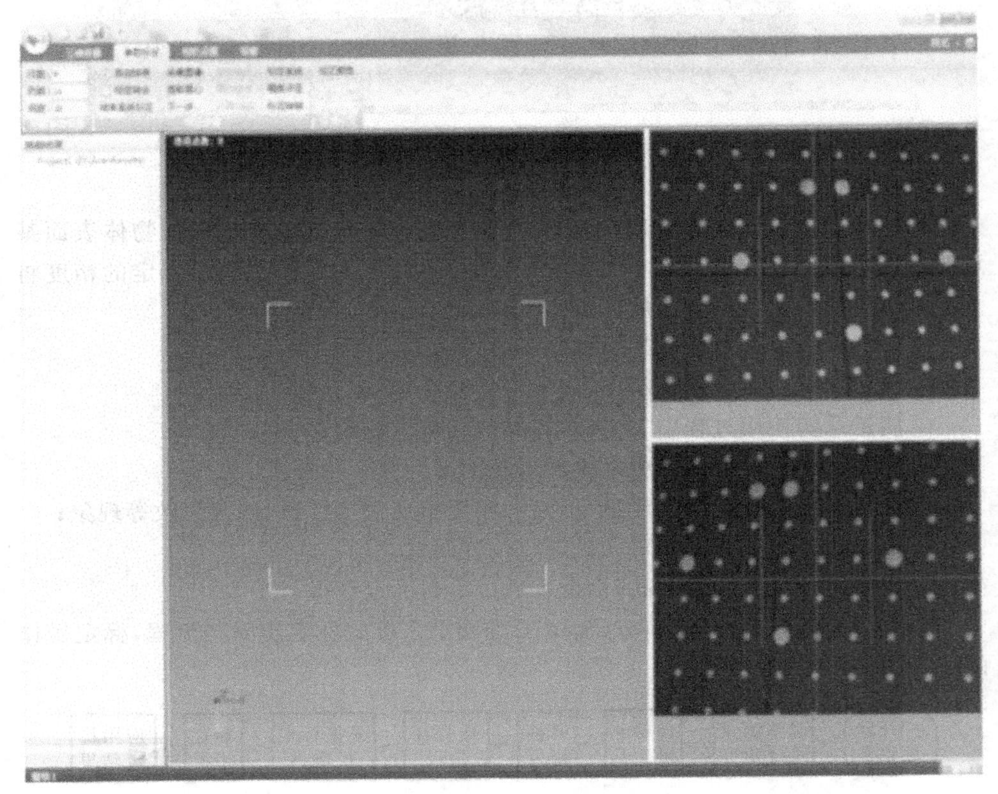

图 4.18　标定图像窗口显示

第二步：点击“提取圆心”自动提取标定板图像内的圆心坐标，同时自动进行“圆心排序”和“计算 DMD 图像”，得到标定相机和投影仪所需的数据，如图 4.19 所示。

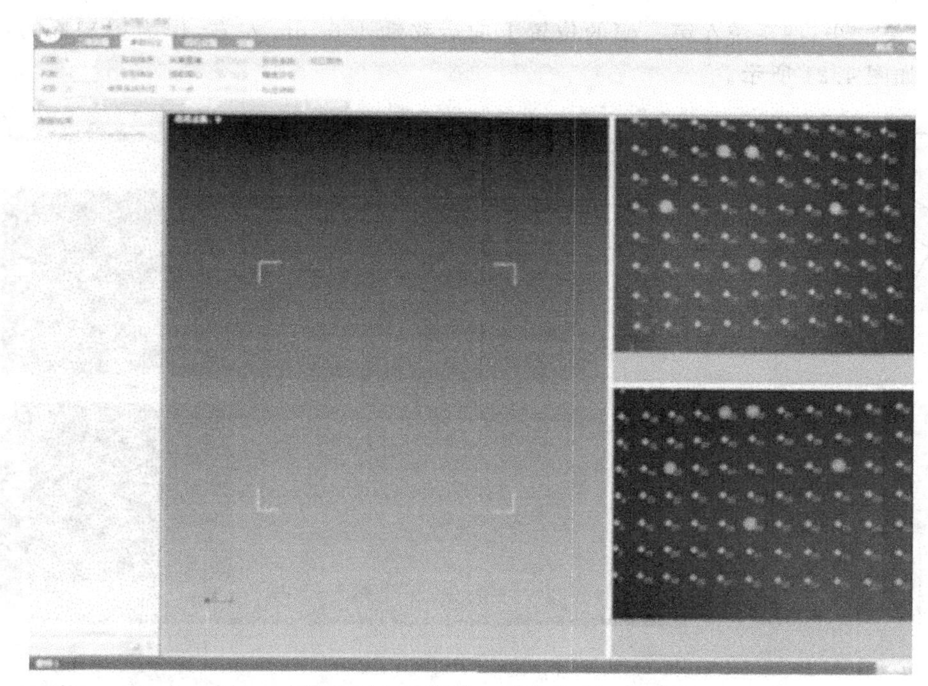

图4.19 标定圆心提取窗口显示

第三步：点击“下一步”，并变换标定板的位置，重复第一步和第二步，直至得到12个不同位置下的标定数据。

注：系统位置和标定板姿态的摆放共有12个姿态。

2)具体流程

第一步：调整标定的一个最佳距离（约500 mm），把标定板正对投影仪，作为标定第一幅图像的位置，如图4.20所示。

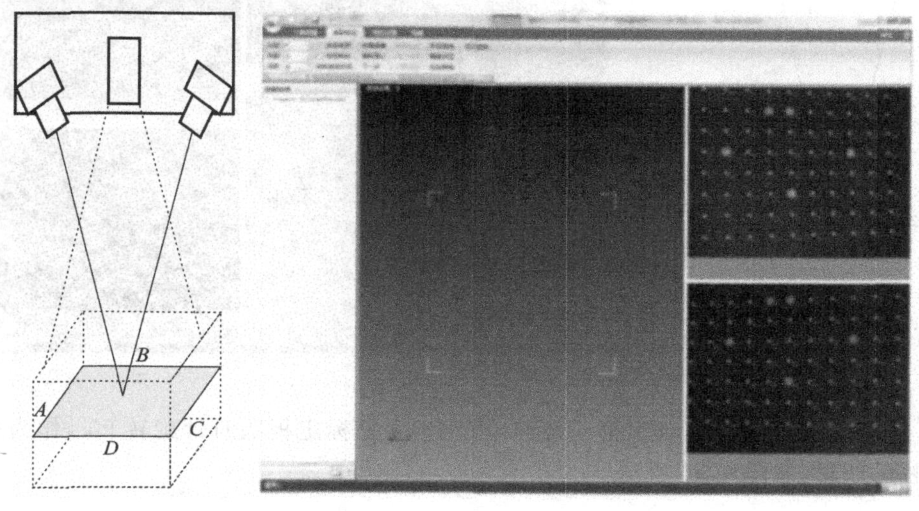

图4.20 标定板放置在第一个位置指示图

第二步：把系统在第一幅的位置上向后移动 100 mm 左右，作为第二幅的位置，如图 4.21 所示。

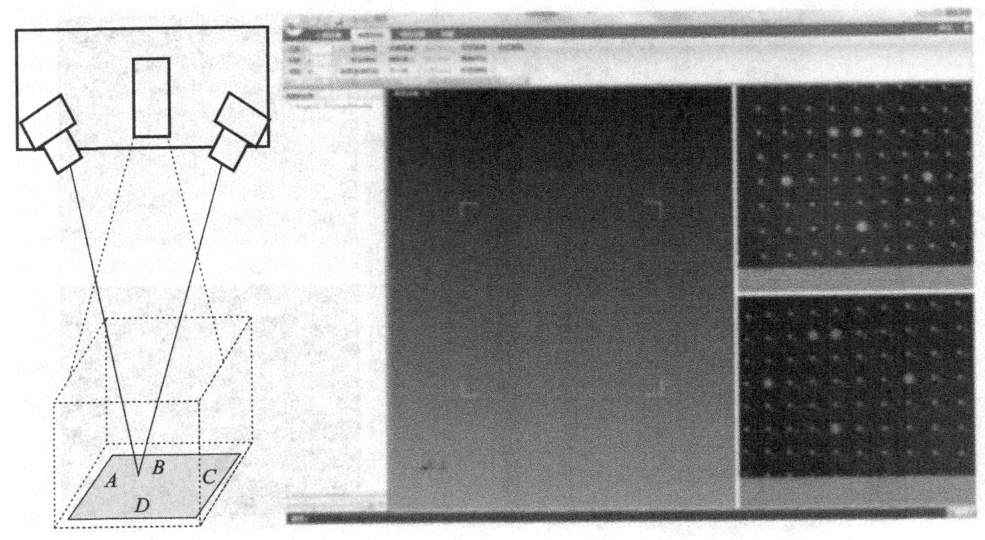

图 4.21　标定板放置在第二个位置指示图

第三步：把系统在第二幅的位置上向前移动 200 mm 左右，作为第三幅的位置，如图 4.22 所示。

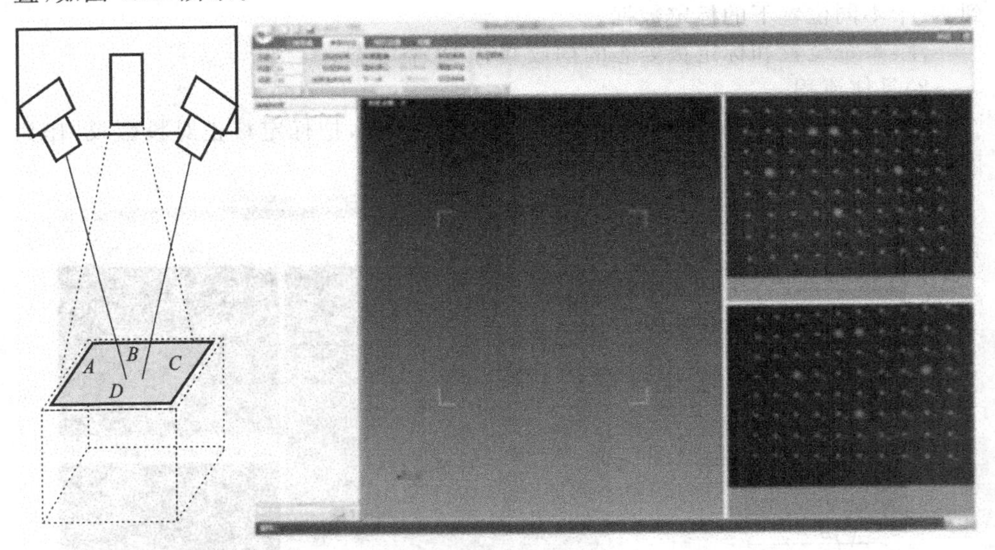

图 4.22　标定板放置在第三个位置指示图

第四步：把系统移动到第一幅的位置上，并把标定板顺时针旋转 90°，作为第四幅的位置，如图 4.23 所示。

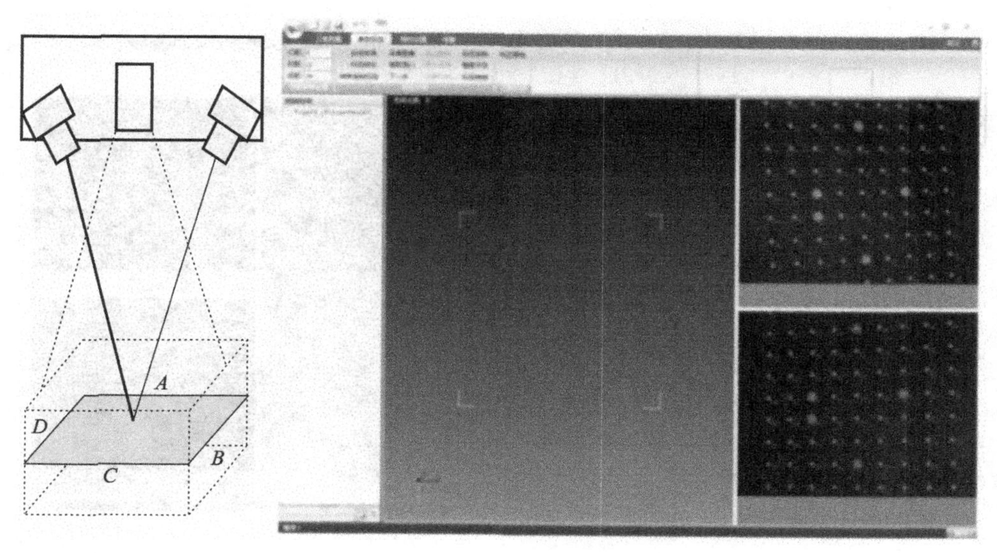

图4.23　标定板放置在第四个位置指示图

第五步：保持系统在第一幅的位置上，再把标定板顺时针旋转90°，作为第五幅的位置，如图4.24所示。

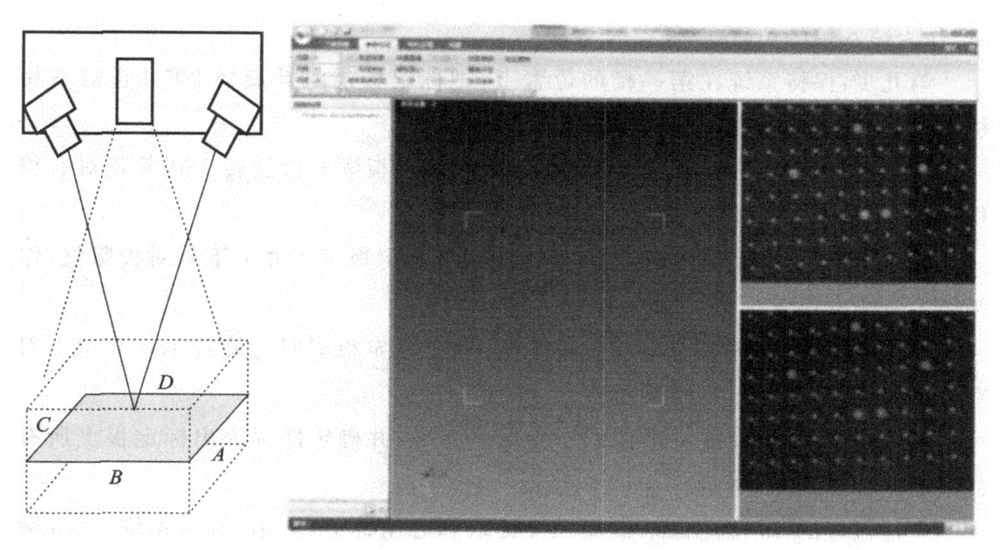

图4.24　标定板放置在第五个位置指示图

第六步：保持系统在第一幅的位置上，再把标定板顺时针旋转90°，作为第六幅的位置，如图4.25所示。

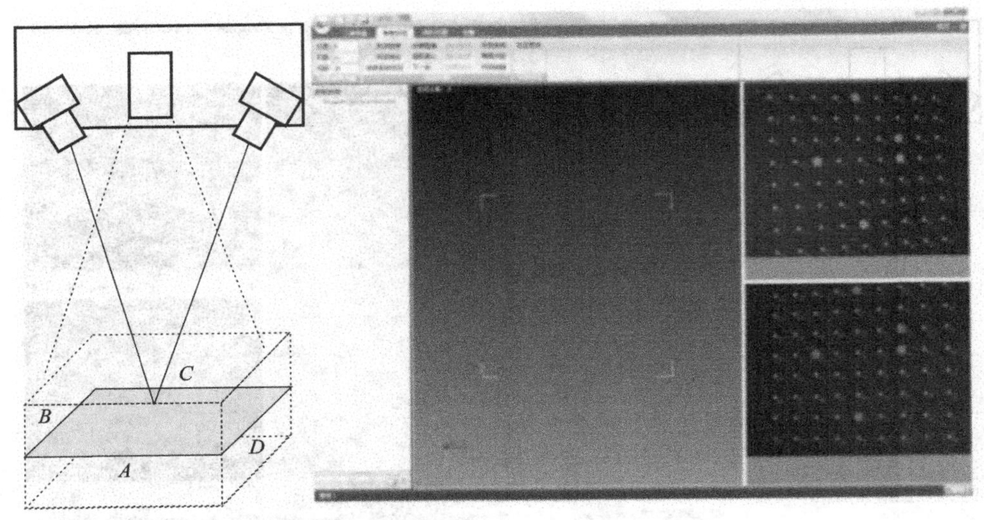

图 4.25　标定板放置在第六个位置指示图

第七步:保持系统在第一幅的位置上,把标定板摆正并正对左相机,作为第七幅的位置,如图 4.26 所示。

第八步:保持系统在第一幅的位置上,把标定板顺时针旋转 180°并正对左相机,作为第八幅的位置。

第九步:保持系统在第一幅的位置上,把标定板逆时针旋转 90°并正对右相机,作为第九幅的位置。

第十步:保持系统在第一幅的位置上,把标定板顺时针旋转 180°并正对右相机,作为第十幅的位置。

第十一步:保持系统在第一幅的位置上,把标定板摆正并上下斜对投影仪,作为第十一幅的位置。

第十二步:保持系统在第一幅的位置上,把标定板顺时针旋转 180°并上下斜对投影仪,作为第十二幅的位置。

第十三步:随意摆放一个位置作为精度标准,并确定能提取出标定板上所有的圆心。如图 4.26 所示。

上述位置的 13 幅图像采集完成并提取圆心坐标后,点击"标定系统"完成标定过程,点击"精度评定"得到标定结果。如图 4.27 所示。

如果标定结果符合要求(最大误差在±0.03 mm 以内),点击"结束标定"完成标定;如果标定结果不符合要求,点击"结束标定",然后重新开始标定。

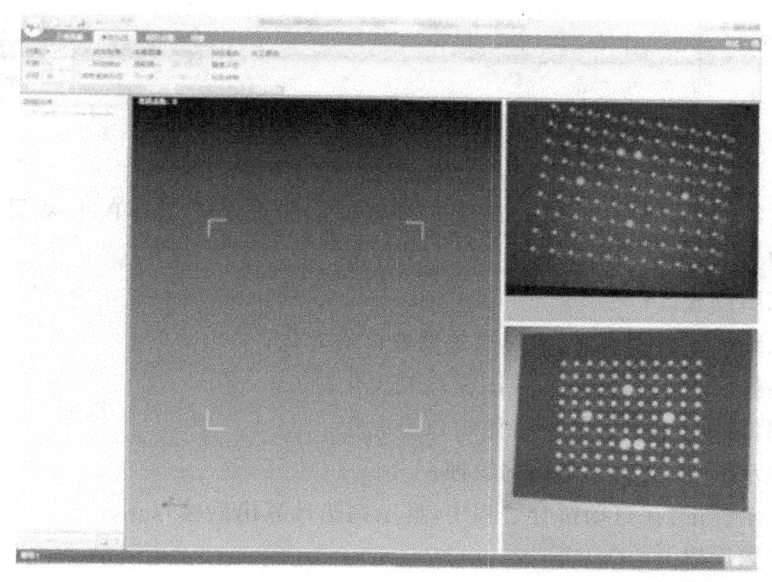

图 4.26　标定精度评价

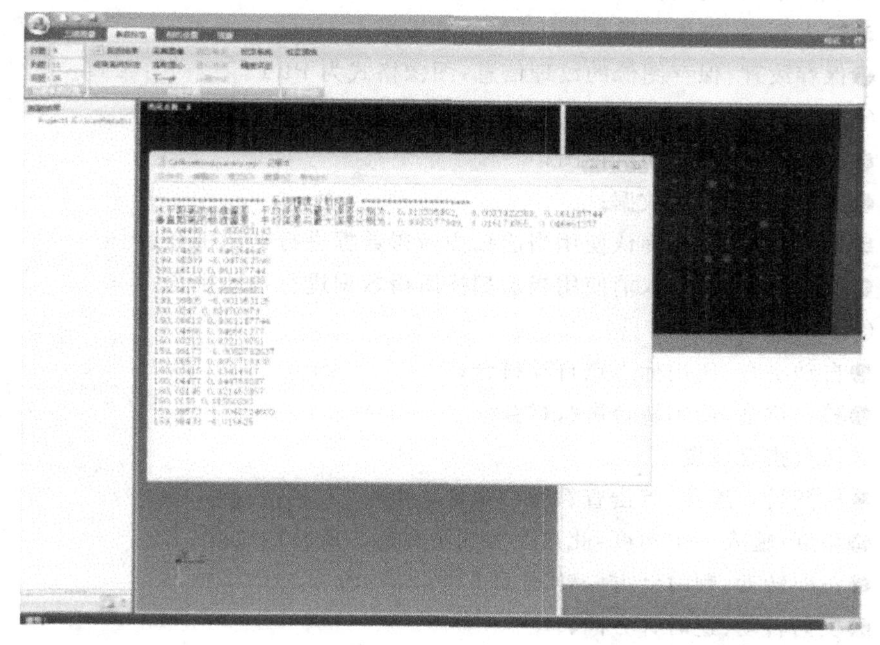

图 4.27　标定结果

3. 扫描测量设置

(1)检查电源和各种信号线有没有接上，再打开相应电源，最后打开本三维测量软件。

(2)点击“三维测量”标签进入三维测量软件界面，如图 4.28 所示。

图 4.28　三维测量软件界面

①系统设置　设置系统扫描测量方式，扫描测量方式分为单目、双目、单双目混合三种方式。

②视图设置。

●三维视图：使物体三维扫描数据窗口最大化；

●图像视图 1：使相机 1 视图窗口最大化；

●图像视图 3：使相机 2 视图窗口最大化；

●显示纹理：显示三维数据纹理；

●显示标记：在自动拼合过程中，显示扫描计算出的标志点。

③参数设置。

●双向条纹：使用横、竖双向光栅条纹扫描；

●最大密度：图像分辨率最大，不经过采样；

●保存纹理：保存图像的纹理信息，图像格式为 PLY。

④测量控制。

●图像预览：预览相机视图；

●三维测量：测量数据；

●确认当前数据：确认使用当前扫描所得数据进行自动拼合；

●撤销当前数据：取消使用当前扫描所得数据进行自动拼合。

⑤自动拼合设置。

●自动拼合：使用标志点自动拼合；

●转台拼合：使用转台进行拼合。

⑥转台拼合设置。

●检测转台连接：点击查看转台是否连接上；

●角度：输入一个角度，此角度为测量时每次旋转的角度；

●正向转动：顺时针方向转动；

●反向转动：逆时针方向转动。

4. 选择模型拼接方式

在扫描测量开始之前，需要确定模型的拼接方式。当被扫描物体不能通过单次扫描测量操作达到预期要求时，需要对其进行多次扫描，而进行多次扫描就涉及扫描的多个单片模型之间如何进行整合拼接的问题。本软件提供两种拼接方式，标志点自动拼接和手动拼接，可根据扫描物体的具体情况进行选择。

①方式一：自动拼接。

若物体大小适中，表面纹理较简单，且表面有较多的平坦区域适合粘贴标志点时，可选择标志点自动拼接方式。

具体设置方法：如图 4.29 所示，在工具栏“三维测量”→“自动拼合设置”中选中“自动拼合”即可。

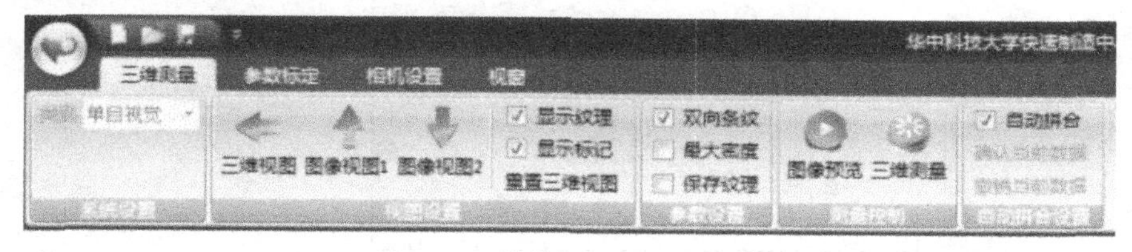

图 4.29　拼接方式设置工具栏

自动拼接的优点：扫描方便快捷，拼接迅速准确；在扫描过程中不需要运行其他软件。

自动拼接的缺点：点云重复率较高，物体贴点后扫描得到的模型需要对标志点处进行补洞处理。

②方式二：手动拼接。

针对某些极小尺寸的物体，表面细节过于复杂，或者因其他原因不适合粘贴标志点的物体，建议选择手动拼接方式。

具体设置方法：在工具栏“三维测量”→“自动拼合设置”中取消选择“自动拼合”即可。

手动拼接优点：扫描较自由，不受公共标志点个数的限制；点云重复率较低；所得模型不需要进行补洞处理。

手动拼接缺点：模型之间需要进行手动选点拼接，拼接后要进行优化。

4.1.6　扫描测量

对物体进行扫描测量时首先选择拼接方式，选择自动拼合的测量方式在测量开始前要观察被测物体的特点，根据物体的特点在物体表面粘贴标志点。

1. 粘贴标志点

粘贴标志点时应注意如下几点：

①标志点要尽量随机贴在物体表面上的平坦区域，与曲面每边缘的距离保持在 12 mm 左右。

②两两相邻标志点的最小距离应保持在 20～100 mm 之间。如图 4.30 所示，正确分布标志点实例。

③不要人为地将标志点分组排列，如图 4.31(a)所示。

④标志点尽量不要贴在一条直线上，如图 4.31(b)所示。

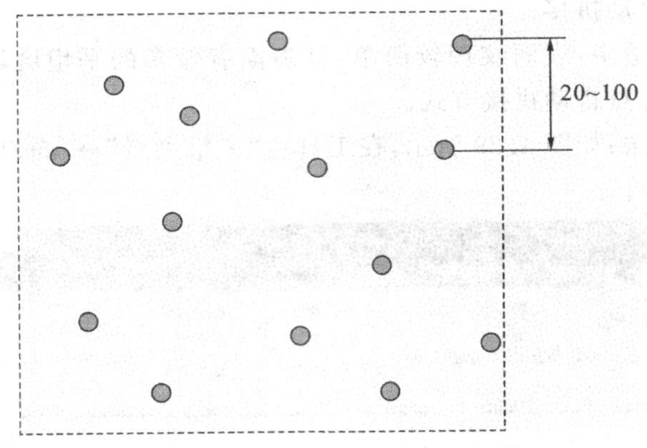

图 4.30　正确粘贴标志点示例图

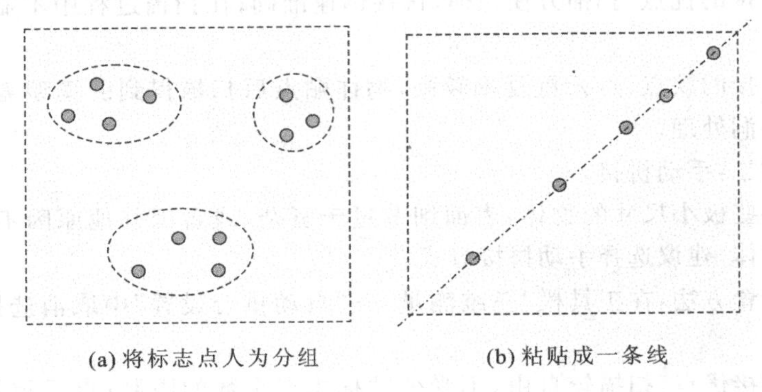

(a) 将标志点人为分组
(b) 粘贴成一条线

图 4.31　错误粘贴标志点示例图

2. 标志点匹配

不同模型块之间进行自动拼接是通过对标志点的识别和匹配进行的，每次扫描中物体上的一部分标志点会被软件识别，并进行编号记录。如果在新一次的扫描中这些点又被识别出来，并且记录编号相同，那么这些标志点就是公共标志点。

标志点匹配成功的原则是：新扫描的模型与已有模型之间的公共标志点至少为 3 个。由于图像质量、拍摄角度等多方面的原因，有些标志点不能正确识别，因而可以适量地多使用一些标志点。

3. 扫描测量

①单次扫描。

将被测物体摆放平稳，开始扫描。点击命令面板中的按钮，系统会自动匹配视窗中的标志点，若标志点匹配成功，系统会自动提取并计算物体表面的匹配标志点，并将有效的标志点用绿色数字编号。

标志点匹配成功后，点击“确认当前数据”，如图 4.32 所示，系统自动存储该次扫描结果。

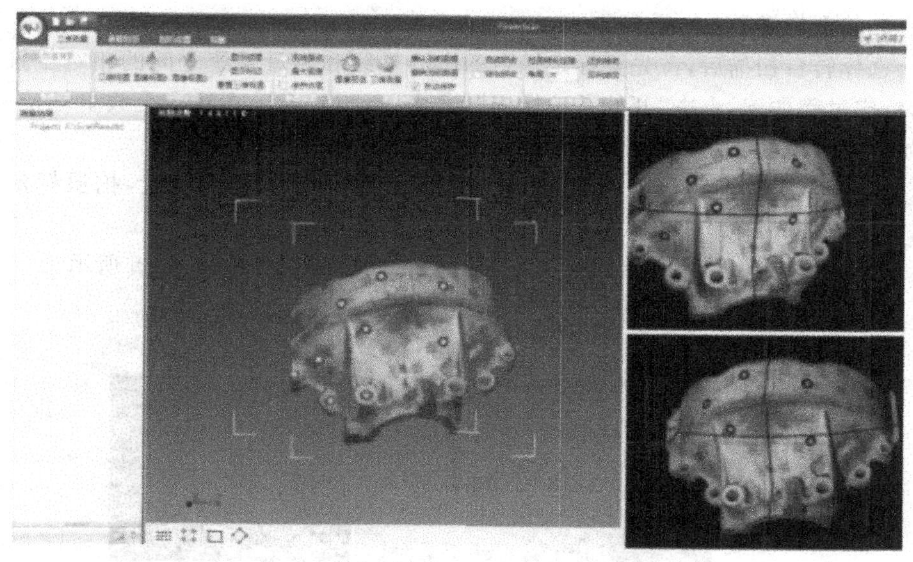

图4.32 单次扫描结果

②连续多次扫描。

依据单次扫描步骤，按照一定的规律翻动物体，继续扫描物体的其他部分，标志点自动拼接，如图4.33所示，显示视窗中会显示模型自动拼接后的三维效果图。

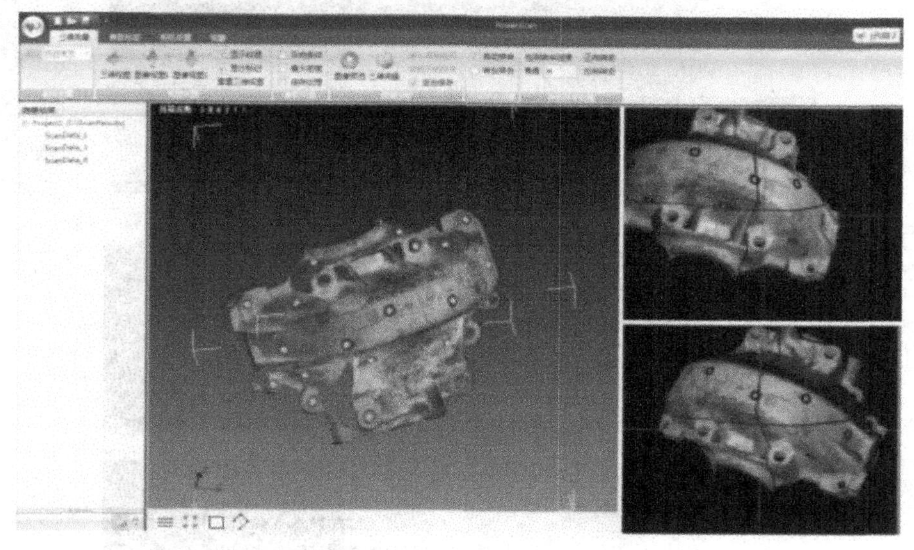

图4.33 多次扫描结果

注意：若在视图中，未搜索到匹配标志点，系统自动放弃所扫描数据，并出现如下提示："拼合错误"。点击确认，退回到图片显示界面。

标志点匹配失败，需重新调整物体位置，尽量使此次扫描中的标志点与上次扫描的标志点重合。重新点击扫描按钮进行扫描，直到扫描成功。

4. 转台扫描

选择转台扫描后，首先要标定转台的中心轴线和测量系统之间的相对位置关系，标定过程如下：点击“开始系统标定”，选中“标定转台”，在转台上放上标定板，开始标定。

第一步，把标定板放在转台上，设定该位置为标定的开始位置，拍摄标定图像，如图 4.34 所示。

第二步，启动转台，转台旋转 90°，拍摄第二幅标定图像如图 4.35 所示。

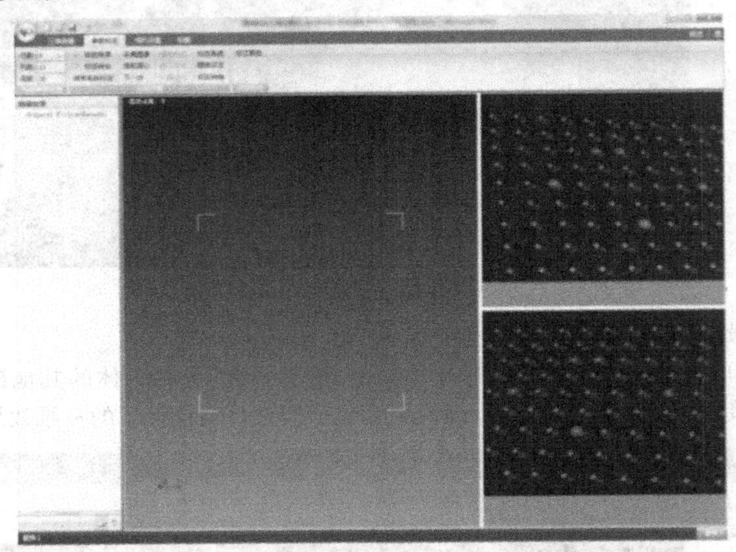

图 4.34 转台标定第一个位置窗口显示

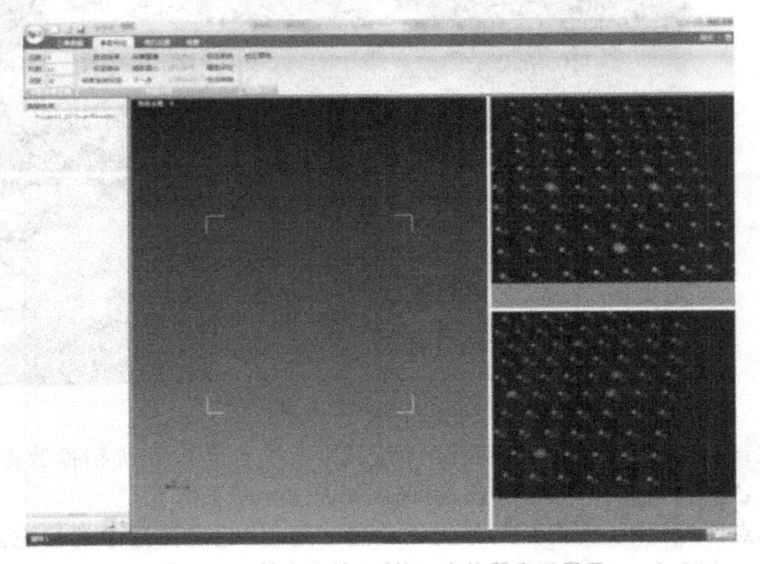

图 4.35 转台旋转 90°第二个位置窗口显示

第三步，转台旋转 180°，拍摄第三幅标定图像，如图 4.36 所示。

第四步，转台旋转 270°，拍摄第四幅标定图像，如图 4.37 所示。

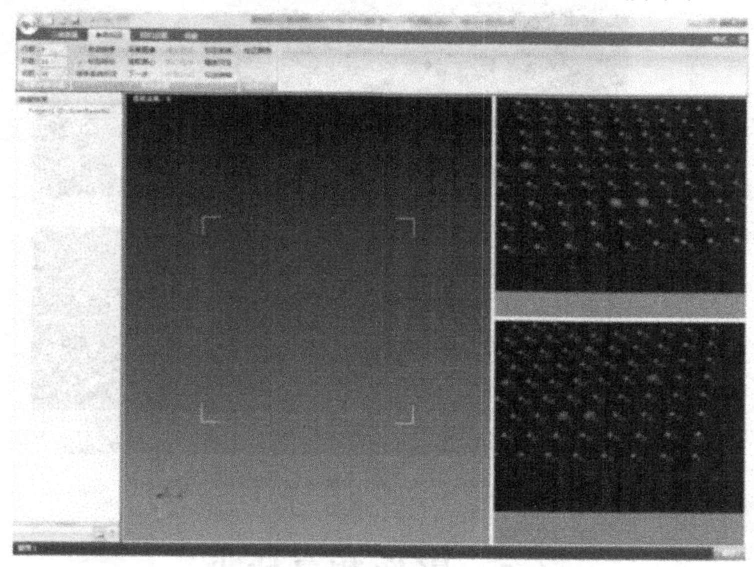

图 4.36 转台旋转 180°第三个位置窗口显示

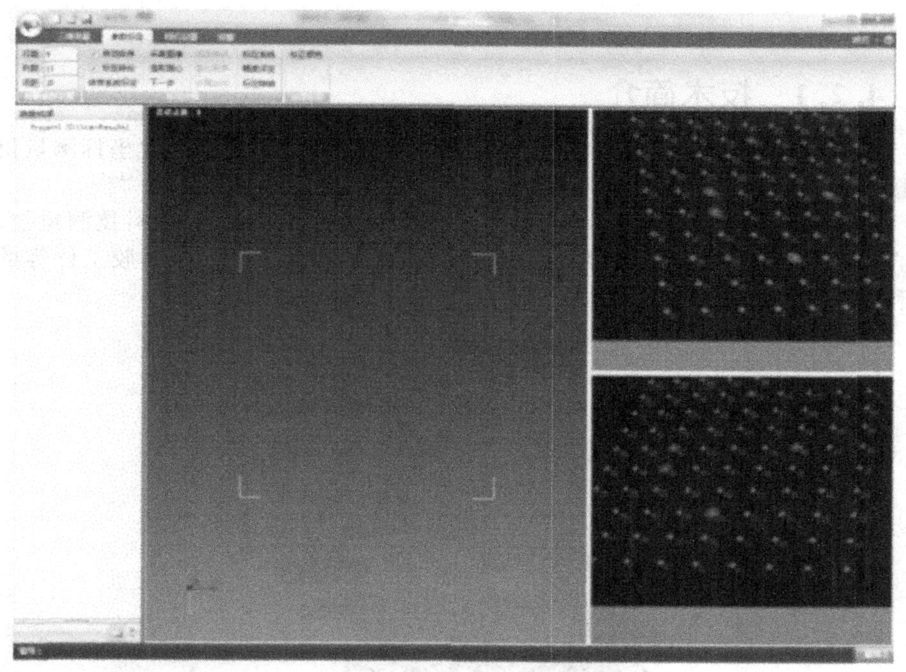

图 4.37 转台旋转 270°第四个位置窗口显示

四幅标定图像拍摄完成后点击“标定转轴”，获取标定结果。标定完成后将零件放在转台上开始扫描测量，如图 4.38 所示。

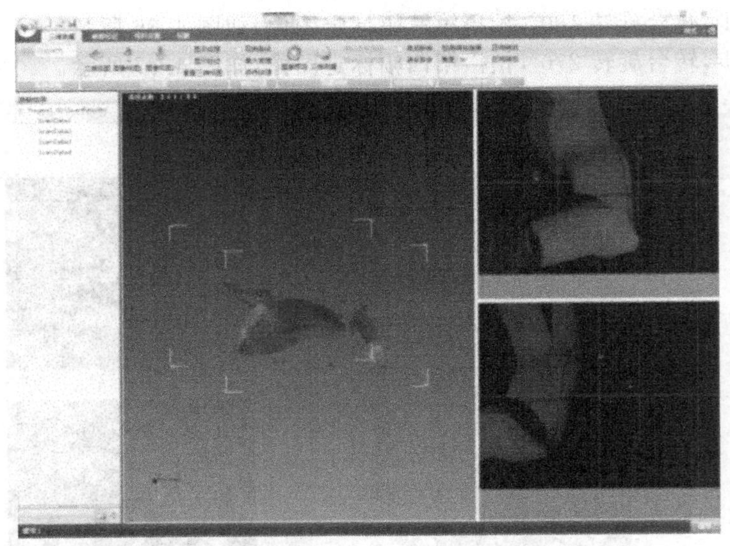

图 4.38 转台扫描测量图

4.2 影像测量技术

4.2.1 技术简介

20 世纪 80 年代初期，ROI 公司开发出光学影像探针，可以替代坐标测量机上的接触式探针进行非接触式测量，从此开启了影像测量仪的新纪元[43-45]。

影像测量是集光、机、电、计算机图像技术于一体的高精度、高科技测量技术，能高效地检测各种复杂微小零件、薄壁零件、电子零件、五金件、塑胶工件等的轮廓和表面形状尺寸、角度及位置。图 4.39 所示为影像测量仪。

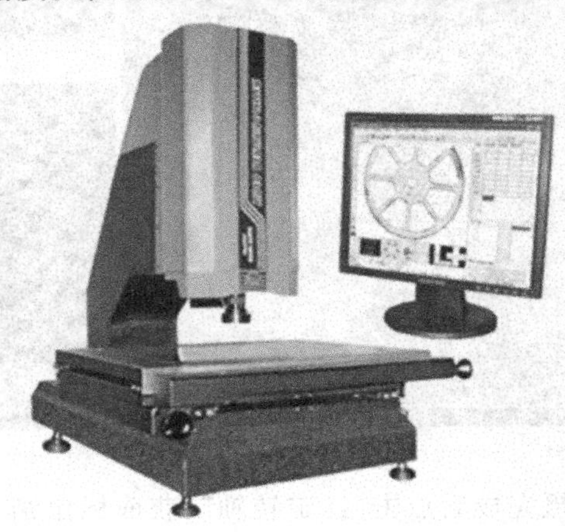

图 4.39 影像测量仪

影像测量的基本测量功能通常包括点、线、圆、弧等多种基本几何量的测量，在测量方式上，提供多种提取及构建方式；提供多种形状公差和位置公差的测量；提供多种坐标系建立方式；提供手动测量与自动批量测量；批量测量程序可记录测量基元、提取方式、机台操控、光源控制、自动聚焦等过程；可导入、导出 CAD 图纸；测量数据输出到指定格式的报表中。

影像测量仪，又称影像测头坐标测量机、视频测量显微镜，国际标准化组织(ISO)将其定义为坐标测量机的一个分支，影像测量仪是一种精密的几何量测量仪器，它是由机械主体、标尺系统、影像探测系统、驱动系统和测量软件等部分组成的测量仪器。传统的三坐标测量机大部分是利用接触式测头，即以探针接触的方式采集测量点坐标，进行精密测量。影像测量仪是利用影像测头采集工件的影像，通过数字图像处理技术提取各种复杂工件表面的坐标点，再利用坐标变换和数据处理技术将坐标点转换成坐标测量空间中的各种几何要素，最终通过计算得到被测工件的实际尺寸、形状和相互位置关系。

影像测量仪可大致分为科学级和工业级两大类。

科学级产品精度非常高，对工作环境和操作人员要求也非常高，目前世界上只有少数厂家有这类产品，其市场容量很小。

工业级产品占据了市场最大份额。在工业级产品中，精度高、性能稳定、效率高、功能丰富的一线品牌主要有国外的卡尔蔡司、三丰、尼康、OGP、海克斯康及国内的博洋、天准精密技术等公司。它们各自开发的具有三维影像测量功能的品牌产品代表了当今工业级影像测量仪的先进水平，从总体水平质量上来看，国内的产品与国外的产品还存在一些差距。

影像测量技术被广泛应用在各种不同的精密产业中，如电子元件、精密模具、精密刀具、弹簧、螺丝、塑胶、橡胶、油封止阀、照相机零件、脚踏车零件、汽车零件、导电橡胶、PCB 加工等各种精密加工业，是机械、电子、仪表、钟表、轻工、塑胶等行业不可缺少的计量检测设备之一。

4.2.2　影像测量仪的分类

伴随着影像测量技术、CCD 技术、计算机技术、LED 照明技术、直流/交流伺服驱动技术的发展，影像测量仪产品也获得了巨大的发展。目前，国内外主要存在三类影像测量仪。

1. 手摇式影像测量仪

作为影像测量仪发展的初期产品，手摇式影像测量仪类似于工具显微镜与显示器的"组合体"，如图 4.40 所示为一台手摇式影像测量仪。它依靠于操作员手工操作二维工作平台，定位精度低，重复性差；不支持复杂空间几何换算，工件需提前进行基准定位，操作复杂烦琐，工作效率低下。例如测量点 A、B 两点之间距离的操作是：先通过摇动手柄移动 XY 工作台对准 A 点，然后锁定平台并点击鼠标确定;再解锁平台,以同样的方式移动 XY 平台到 B 点,并确定 B 点。每次点击鼠标的目的是将该点的光栅尺数值读入计算机,当所有采样点的光栅数值都被读入后才可以进行计算功能的操作。由于手摇式影像测量仪技术含量低,属于将在市场上被逐步淘汰的测量产品。

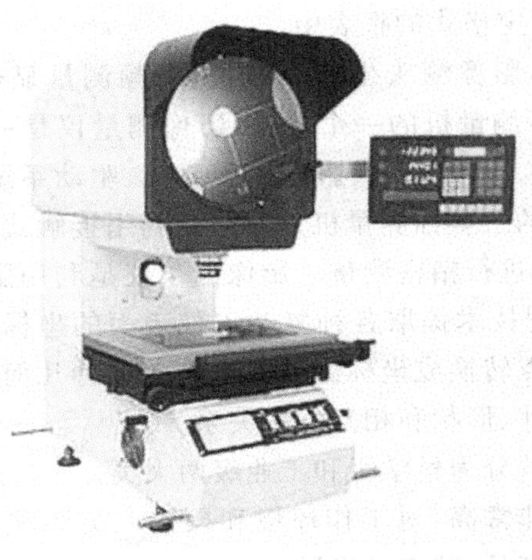

图 4.40　手摇式影像测量仪

2. 二维影像测量仪

为了克服手摇式影像测量仪的各种缺点,二维影像测量仪使用精密电机驱动控制工作平台,并利用光栅尺数值反馈实现闭环控制,使得定位精度大大提高。图 4.41 为一台二维影像测量仪。由于可随意建立坐标原点与基准方向,被测工件可随意放置,解放了操作员的双手与眼睛,鼠标移动找到想要测定的 A、B 两点后,即可使用功能丰富且强大的测量软件完成各种测量任务。其缺点是只能对工件的平面二维几何量进行测量,无法对工件进行三维空间几何量测量,更无法实现工件的三维建模。

图 4.41　二维影像测量仪

3. 新一代影像测量仪

与传统的手摇式影像测量仪和二维影像测量仪相比，新一代影像测量仪的功能更加强大，操作更加简便，测量更加智能。它是影像测量技术发展的高层次阶段，是在数字化影像测量仪基础上发展起来的人工智能型现代光学非接触测量仪器。它基于机器视觉的自动对焦，能实现真正的非接触式 3D 测量，使得微细制造的零件在测量高度、平面度及空间角度等位置关系方面成为可能，并且具有高可靠性的测量准确性和重复性。它基于图像处理技术的自动去毛刺、自动边缘提取、自动测量合成，从而具有了 CNC 走位、自动测量、自动学习、批量测量等十分优异的功能。因此，新一代影像测量仪可以成百上千倍地提高测量速度和检测效率，充分适应现代化工业生产的在线大批量检测的需要，它是未来影像测量仪的发展方向。

4.2.3　测量原理及系统组成

1. 影像测量工作原理

影像测量系统本身的硬件包括光栅尺、CCD、镜筒、物镜、数据线，测量是利用表面光或轮廓光照明后，经变焦距物镜通过摄像镜头摄取影像，将所能捕捉到的图像通过数据线传输到电脑的数据采集卡中，之后由软件在电脑显示器上成像，通过工作台带动光学尺，在 X、Y 方向上移动，由软件进行演算完成数据采集测量工作。

影像测量仪的测量过程如图 4.42 所示。首先将待测工件放于工作台上，启动运动控制程序通过运动控制卡来控制 X、Y、Z 三轴的运动，使得它们达到合适的位置，并使待测工件的图像能够清晰地呈现到 CCD 中，CCD 把获得的光信号转变成为电信号，然后通过图像采集卡把待测工件的图像采集到 PC 机里，再通过图像处理技术、空间几何运算、运动控制，以及对光栅数据的采集与运算来获得被测物体的几何尺寸和要检测物理量的数据，最后通过测量软件完成测量工作，得到所想要得到的参数，完成测量工作。

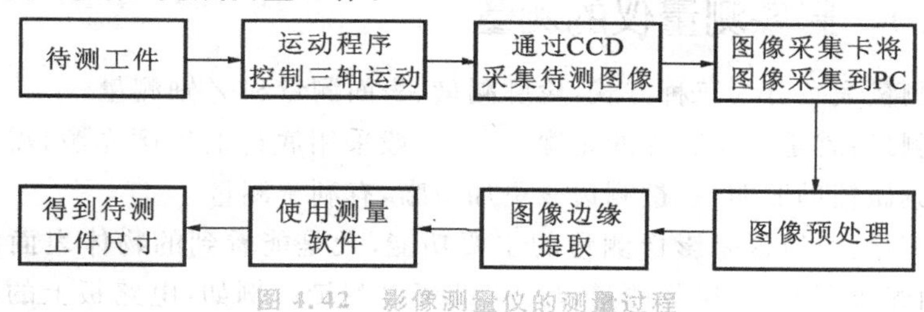

图 4.42　影像测量仪的测量过程

2. 系统构成

非接触影像测量仪一般是由高解析度 CCD 彩色摄像机、连续变倍物镜、PC 显示器、转接盒、精密光学尺、2D 资料测量软件与高精度工作台等精密机械结构组成的高精度、高效率光电测量仪器，主要以二维测量为主，也能做三维测量。与传统的接触式测量相比，影像测量具有方便、快速、适合小尺寸测量的特点。

系统分为硬件、软件两大部分。硬件部分除机械测量平台、激光测头外，还包括步进电动机与步进电动机驱动器、工控机及插在工控机主板上的图像采集卡和运动控制卡。图像采集卡将 CCD 摄像机拍摄的视频信号转换为计算机能够处理的数字图像。步进电动机驱动器可以设置脉冲的细分数，并从运动控制卡获取脉冲与运动方向信息，驱动步进电动机运动。

软件部分包括测量与数据处理两部分。测量部分的软件功能主要是控制运动、图像获取、图像处理及坐标换算，完成表面形状的数字化过程。数据处理主要包括测量数据的平滑、光顺、网格建模、显示、缩放等功能，完成表面形状的重构过程。影像测量仪的基本结构如图 4.43 所示。

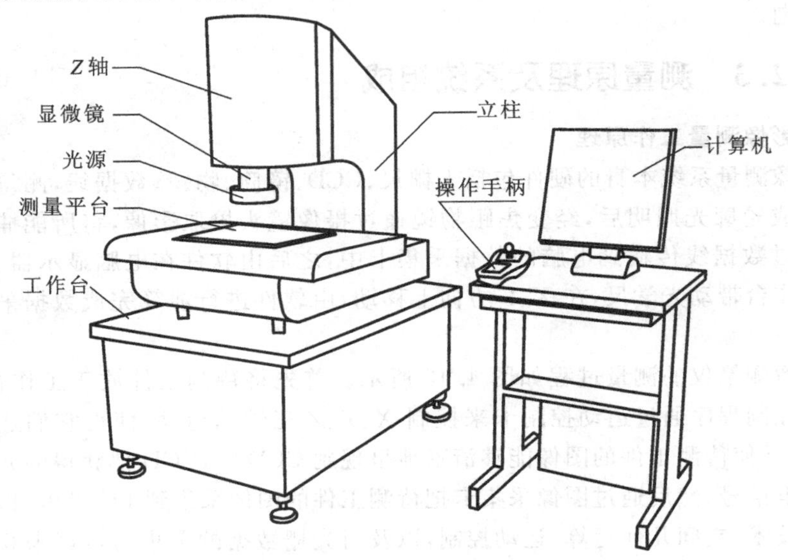

图 4.43　影像测量仪的基本结构

4.2.4　影像测量仪的测量

影像测量大致分为三种方式：轮廓测量、表面测量和 Z 轴测量。

轮廓测量：就是测量工件的轮廓边缘，一般采用底部的轮廓光源，需要时也可以加表面光做辅助照明，让被测边线更加清晰，有利于测量。

表面测量：可以说是影像测量的主要功能，凡是能看到的物体表面的圆形尺寸，在表面光源照明下，影像测量仪几乎都可以测量。例如：电路板上的线路铜箔尺寸、IC 电路尺寸等。当被测物体是黑色塑胶、橡胶时，影像测量仪也能轻易地测量其尺寸。平面度测量原理如图 4.44 所示，利用镜头对位于工件同一平面上的多点进行自动对焦，然后分别记录各点处的 Z 轴绝对高度，各点之间高度差的最大值即平面度公差带的公差值 t。

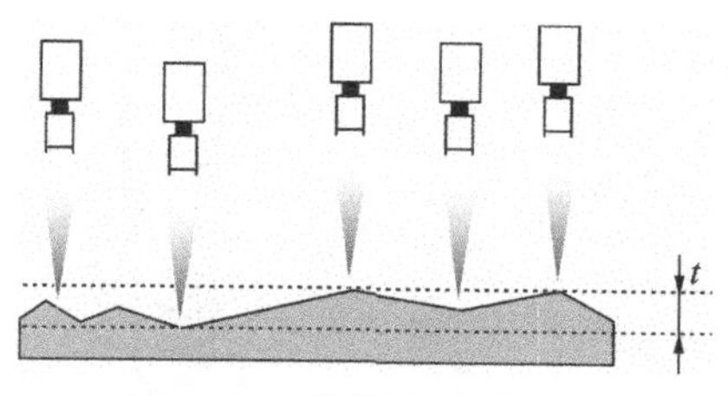

图 4.44　平面度测量原理

Z 轴测量：有高倍物镜、有足够瞄准与定位精度时，影像测量就可以做 Z 轴测量。高度测量如图 4.45 所示，假设镜头在 A 点 50 mm 处对焦清晰，此时记录 Z 轴绝对高度，然后将镜头移至 B 点，镜头向下移动并在距 B 点大约 50 mm 处对焦清晰，记录 Z 轴的绝对高度。A、B 两点的绝对高度之差就是相对高度。

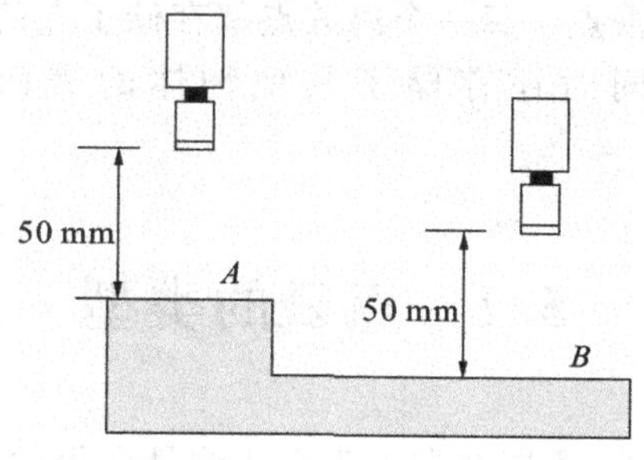

图 4.45　高度测量原理

模块5 点云数据处理与曲面重构

点云数据是使用各种3D测量设备得到的空间上离散的几何点，是由被测物体表面上一系列空间采样点构成的，是对被测物体描述的表示，是三维空间中数据点的集合。最小的“点云”只包括一个点(称为孤点或奇点)，而高密度的“点云”则可以多达几百万个数据点。每一个离散点都存储了点的几何信息，比如三维坐标、大小和法向量等，同时还存储了其他物体的表面属性，如纹理和透明度等[46、47]。

5.1 点云的类型

由于不同的测量仪器，不同数据采集方法测量所得的点云特征各异。为了有效地处理各种形式的点云，根据点云中点的分布特点，如排列方式、密度等可将点云分为四种类型。

1. 散乱点云

测量点没有明显的几何分布特征，点与点之间没有明确的拓扑结构，点云整体呈现散乱无序的状态，无次序、无组织。随机扫描方式下的CMM、激光点三角扫描等系统的点云均呈现散乱状态，如图5.1(a)所示。

2. 扫描线点云

点云由一组扫描线组成，扫描线上的所有点基本位于同一扫描平面内，此类数据可认为是部分散乱数据。CMM、激光点三角扫描系统沿直线扫描的测量数据和线结构光扫描测量数据呈现扫描线特征。此类型点云采用的测量方法所得的数据质量较高，该方法在各领域中得到广泛的应用，如图5.1(b)所示。

3. 阵列式点云

点云中的所有点都与参数域中一个均匀网格的顶点相对应，数据具有行×列的特点；属于有序数据。CMM、激光点三角扫描系统、投影光栅测量系统及立体视差法获得的数据经过网格化插值后得到的点云即为网格化点云，如图5.1(c)所示。

4. 多边形点云

点云分布在一系列平行平面内，用小线段将同一平面内距离最小的若干相邻点依次连接可形成一组有嵌套的平面多边形。该类数据属于有序数据，莫尔等高线测量、CT测量、层析法、磁共振成像等系统的测量点云呈现多边形特征，如图5.1(d)所示。

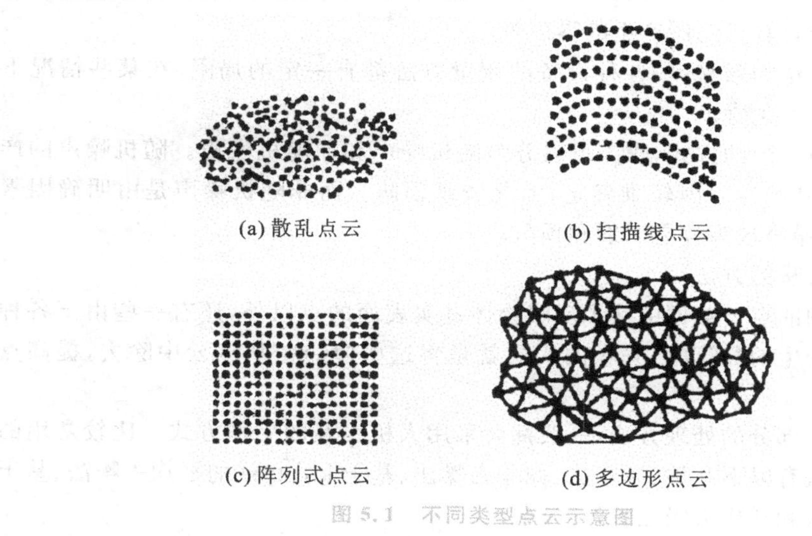

图5.1 不同类型点云示意图

由于受一些外界条件和测量工具影响，点云数据中含有噪声和冗余数据，所以要对点云数据进行数据处理。

5.2 点云的数据处理

数据处理是后期曲面零件建模的关键，利用3D测量设备对被测工件进行数据采样，得到采样数据点的坐标值(x、y、z)，即表面几何数据。其中，由于测量误差、外界条件和半径补偿等不可避免等因素，在曲面重构前，需要对获取的数据进行必要的处理，为曲面重构过程做好准备[48-52]。

5.2.1 点云去噪

对于点云去噪平滑，在处理上首先要从噪声入手，分析噪声的种类、产生的原因；然后采取相应的技术方法，从而实现对数据的有效处理，做到有的放矢。

1. 噪声的来源

在采集数据时，每一个环节都具有噪声产生的可能性，按照产生噪声的来源可以将点云数据中的噪声做如下分类。

①人为噪声：主要是因为测量者操作不熟练或者错误的操作所造成。例如：系统参数设定不合适等。

②环境噪声：测量是在现实环境中进行的，因此必然要受到环境的影响。环

境的影响是噪声产生的一个主要来源，其影响是多方面的，一般有下列影响因素：湿度、温度、光线等。

③设备噪声：主要来自设备某些部件的磨损老化，造成测量精度的下降，以及设备在使用中自身振动所产生的噪声等。

④测量方法局限噪声：各种设备的测量方法都有一定的局限，在某些情况下这些局限也会产生噪声。

按照噪声产生的方式，噪声可以分为随机噪声和非随机噪声。随机噪声的产生是随机的，其产生原因较难确定，因此较难预防。而非随机噪声是由明确因素产生的，这种噪声较为容易识别和预防。

2. 点云去噪的方法

采集得到的点云数据中除了反映物体真实表面的点以外，还有一些由于各种干扰因素所产生的“坏点”，去噪的实质就是将这些“坏点”从点云中除去，提高点云质量。

关于去噪部分的处理方法，一般都会采用人机交互的工作方式。比较常用的点云去噪方法有以下几种：观察法、偏差去噪法、基于k-d tree的平均去噪法、基于概率的去噪法和随机去噪法等。

1)观察法

通过实体与点云模型做比较，用肉眼进行观察。根据被测物体的尺寸大小，严重偏离物体尺寸，以及扫描线数据偏离较大的点或存在于屏幕上的孤点可以被认为是要滤除的杂点而直接剔除。这种方法适合于数据的初步检查，可从数据点集中筛选出一些偏差较大的杂点，而这些点一般可能是在测量过程中由系统自身产生的。由于此法简单直观，因此这种方法易实施，而且采用观察法先去除明显的“坏点”对后续去噪的准确性有着积极的作用。同时，此方法的适用范围比较广泛。

2)偏差去噪法

通过连接检查点的前后两点，计算 P_i 到线段 $P_{i-1}P_{i+1}$ 的距离 h_i（见图5.2），给定阈值 ε，将弦高 h_i 与其比较，如果有 $h_i \geqslant \varepsilon$，则认为 P_i 是坏点，应该删除。基本算法如下。

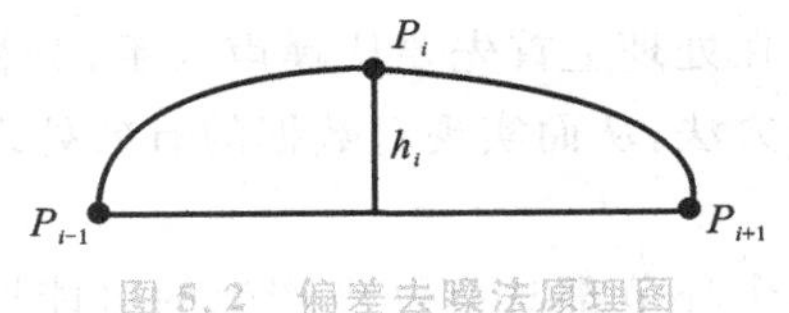

图5.2 偏差去噪法原理图

第一步，取扫描线上的连续3点，P_{i-1}、P_i、P_{i+1}；

第二步，计算 P_i 到 P_{i-1}、P_{i+1} 连线的弦高 h_i；

第三步，将 h_i 与零件曲面的允许精度进行比较，如果 $h_i \geqslant \varepsilon$，判定中间点为坏点，否则重新执行第一步。

这种方法算法简单，在处理大规模点云时具有一定的优势。但其仅仅适合用于处理均匀分布且点排列密集的点云。在曲率变化较大的位置有可能除掉部分特征点，不能较好地保留点云特征。

3）基于 k-d tree 的平均去噪法

在此，点云拓扑关系将采用 k-nearest neighbors（k 个距 P 点的欧拉距离最近的点）邻域的形式，简称 k 邻近。同时，在这里还需要引入 k-d tree 这个概念，它是一种基于二叉树的坐标轴分割法建立点间拓扑关系的方法。其基本思想为：首先按 X 轴寻找分割线，即计算所有点的 x 值的平均值，以最接近这个平均值点的 z 值将空间分成两部分；然后在分成的子空间中按 Y 轴寻找分割线，将其各分成两部分；分割好的子空间再按 X 轴分割，依此类推，最后到分割的区域内只有一个点为止。

k-d tree 是一种便于空间中点搜索的数据结构，用来查找 k 邻域非常方便，求点云中任意一点 P 的邻域可以通过查询输入点的空间最近点，然后计算邻域内各点到 P 点的平均距离 d，与给定的阈值 ε 进行比较，如果 $d \geqslant \varepsilon$ 则认为 P 点是噪声点。具体步骤如下：

第一步，通过输入的散乱点云构造 k-d tree，建立点云拓扑关系；

第二步，求点云中任意一点的邻域；

第三步，计算该点与邻域内各点的距离，取其平均数 d；

第四步，判断平均距离是否超过给定阈值 ε，如果 $d \geqslant \varepsilon$，则判定该点为噪声点，应予去除；

第五步，重复第二至第四步，直到处理完点云中的所有点，输出点云。

该方法在实际应用中的处理效果较好，但对于大数量点云来说，计算邻域需要耗费很多时间，对于处理点间拓扑不是完全无序的扫描线型，点云不是很好的选择。同时，如果有很多噪声点聚集在一起，该方法可能会判定该点为非噪声点，从而失去处理效果。

4）基于概率的去噪法

该方法的优点就是不用为散乱点云建立拓扑关系，省时便捷。首先要找出点云数据中 x、y、z 的最大值和最小值，记为 x_{max}、x_{min}、y_{max}、y_{min}、z_{max}、z_{min}。根据离散数据点的坐标范围，将整个空间 Ω 分别沿 X、Y、Z 轴分为 m、n、p 个部分，计算公式如下：

$$m=[1+3.32\lg(x_{max}-x_{min})]+1 \tag{5.1}$$

$$n=[1+3.32\lg(y_{max}-y_{min})]+1 \tag{5.2}$$

$$p=[1+3.32\lg(z_{max}-z_{min})]+1 \tag{5.3}$$

经划分形成 $m \times n \times p$ 个子空间，每个子空间所落入数据点的频率为

$$f_{i,j,k}=\frac{n_{i,j,k}}{m \times n \times p} \tag{5.4}$$

其中：$n_{i,j,k}$为空间 Ω 中数据点的个数。

再通过下列公式，计算出 $f_{i,j,k}$的均值 μ 和方差 σ^2，即

$$\mu=\frac{\sum f_{i,j,k}}{m\times n\times p} \tag{5.5}$$

$$\sigma^2=\frac{\sum(f_{i,j,k}-\mu)^2}{m\times n\times p} \tag{5.6}$$

数据点落入每个子空间的频率 $f_{i,j,k}$可以认为是随机变量，所以有

$$p\{|f_{i,j,k}-\mu|\geqslant t\}\leqslant\frac{\sigma^2}{t^2} \tag{5.7}$$

对于每个 $f_{i,j,k}$来说，如果满足公式(5.7)，那么落入子空间的点集 $p_{i,j,k}$可以认为是被污染的噪声，应该除去。该方法无须建立散乱点间的拓扑关系，计算时间少。但对于分布不均匀的点云在去噪效果上不是很好，而且参数 t 的取值不好确定，不适合处理噪声点集中的点云数据。

5）随机去噪法

如果数据中存在一些与被测物体表面变化接近的幅值较小的随机噪声，那么在曲面重构时曲面会出现毛刺现象，影响重构效果。随机去噪法就是去除这些幅值较小的随机噪声的方法。其作用原理如图 5.3 所示，其中图 5.3(a)表示无噪声连续点相对位置，点 P_{i-1}、P_i、P_{i+1}之间的相对位置没有较大起伏，如图 5.3(b)所示，点 P_{i-1}到点 P_i 的垂直距离大于或等于点 P_{i-1}到点 P_{i+1}的垂直距离，即$|P_i-P_{i-1}|\geqslant|P_{i+1}-P_{i-1}|$，则认为点 P_i 是较为明显的噪声点，应予以去除。由于处理对象是随机误差产生的噪声点，因此称该方法为随机去噪法。

图 5.3 噪声判断示意图

随机去噪法的基本思想：设测量的点云数据为$\{P_{ij}|i=1,2,\cdots,n;j=1,2,\cdots,m\}$，$i$ 表示扫描线上的点数，j 表示扫描线的条数。对于第 j 条扫描线上的数据点，设第 $i-1$ 个点与第 i 个点的距离为 d_1，第 i 个点与第 $i+1$ 个点的距离为 d_2，第 $i-1$ 个点与第 $i+1$ 个点的距离为 d_3，则可得到：$d_1=|P_{ij}-P_{i-1,j}|$，$d_2=|P_{i+1,j}-P_{ij}|$，$d_3=|P_{i+1,j}-P_{i-1,j}|$。设$\Delta=d_3-d_1$，$\delta=|d_2-d_1|$；给定阈值 ε_1、ε_2、θ_1、θ_2、θ_3，均为有向角，规定逆时针方向为正，顺时针方向为负，如图 5.4(a)所示。具体判断准则如下：

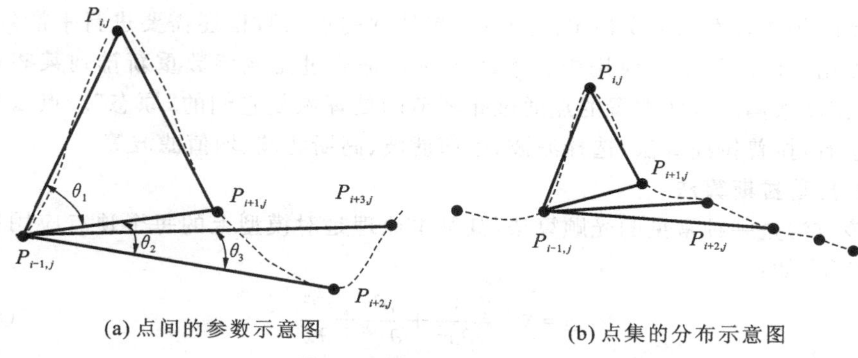

(a) 点间的参数示意图　　　　(b) 点集的分布示意图

图 5.4　随机去噪法示意图

(1)如果 $0\leqslant\Delta\leqslant\varepsilon_1$，分别计算 θ_1 与 θ_2，如果 θ_1 与 θ_2 的旋转方向相反，则认为 $P_{i,j}$ 点是噪声点，从点云中将该点删除；如果 θ_1 与 θ_2 的旋转方向相同，需要计算 θ_3。如果 θ_3 与 θ_1 的旋转方向相反，则认为点 $P_{i,j}$ 是噪声点，将其从点云中删除；倘若 θ_3 与 θ_1 的旋转方向相同，但 $0\leqslant\delta\leqslant\varepsilon_2$，则判断 $P_{i,j}$ 是噪声点，从点云中予以删除，如图 5.4(b)所示。否则，$P_{i,j}$ 即为正常数据点，应该保留。此判断准则对于强干扰信号产生的随机误差比较敏感，能有效去除较为明显的噪声点。

(2)如果 $\varepsilon_1\leqslant\Delta$，但 $0\leqslant\delta\leqslant\varepsilon_2$，分别计算 θ_1、θ_2，如果 θ_1 与 θ_2 的旋转方向相反，则认为点 $P_{i,j}$ 是噪声点，将其从点云中删除。如果 θ_1 与 θ_2 的旋转方向相同，需要再计算 θ_3，如果 θ_3 与 θ_1 的旋转方向相反，则判断点 $P_{i,j}$ 是噪声点，将其从点云中删除。倘若 θ_3 与 θ_1 的旋转方向相同，则 $P_{i,j}$ 不是噪声点，予以保留。根据这一判定准则，可以部分消除测量数据中的一些与被测表面变化较为接近的低频随机信号产生的噪声点。

对于不满足上述两个判断准则的点，则是正常的数据点，均予以保留。

随机去噪法的算法的基本步骤如下：

第一步，对给定的任意一条扫描线点云数据，首先通过计算 d_1、d_2、d_3，$\Delta=d_3-d_1$、$\delta=|d_2-d_1|$，给定阈值 ε_1、ε_2；

第二步，根据判断准则进行判断；

第三步，重复第一步和第二步，直到一条扫描线上的点处理完毕；

第四步，对所有扫描线进行以上处理。

按照上述原理和准则进行处理，有可能出现误判和漏判。误判的点主要是阶跃点和拐点，因此在上述两条准则中除了考虑点与点的距离因素外，还考虑了点与点之间夹角的旋转方向，就是为了防止将阶跃点和拐点误判为噪声点。为了防止漏判，将每一条扫描线上数据点中的“坏点”去除后，重新组合数据点集，按上述步骤重复 2 至 3 次，便能较有效地防止漏判。此方法在判断“坏点”上比较准确，在算法上也不太复杂，适合实际应用。

5.2.2　点云平滑处理

平滑，即将偏离真实位置的点经过滤波处理后，校正其位置，使其可以较为准确地反映物体表面的真实情况。经过去噪处理的点云数据还需要进行平滑处理，才可以用于曲面的重构应用中。平滑实质就是通过滤波函数重新排列某些点的位置，使原来偏离真实位置的点通过此环节的处理恢复它们的"原态"。点云平滑的方法有：拉普拉斯算法、选择滤波、中值滤波、高斯滤波、均值滤波等。

1. 拉普拉斯算法

该方法是一种常见的光顺算法，其基本原理是对模型上的每个顶点应用拉普拉斯算子，如：

$$\Delta=\nabla^2=\frac{\partial^2}{\partial x^2}+\frac{\partial^2}{\partial y^2}+\frac{\partial^2}{\partial z^2} \tag{5.8}$$

设 $P_i=(x_i,y_i,z_i)$ 为顶点，则在一个三维模型上进行磨光的过程可以看成是一个扩散的过程：

$$\frac{\partial P_i}{\partial t}=\lambda l(P_i) \tag{5.9}$$

通过在时间轴上的积分，曲面上细小的起伏、噪声能量可以很快地扩散到它的邻域中，使整个曲面变得光滑。如果采用显示的欧拉积分方法，即

$$P_i^{n+1}=(1+\lambda d_t l)P_i^n \tag{5.10}$$

该方法对每个顶点进行估计，逐步调整到其邻域的几何重心位置：

$$l(P_i)=P_i+\lambda\left(\frac{\sum_j w_j Q_j}{\sum_j w_j}-P_i\right),j=1,2,\cdots,k \tag{5.11}$$

其中：Q_j 表示 P_i 的 k 个邻域点，λ 值为一个小正数。拉普拉斯光顺算法通过一致扩散高频几何噪声达到光顺目的，虽然算法简单，但是随着迭代次数的增加，多变形的体积快速收缩，并容易产生过光顺而使模型的凹凸特征变模糊。同时，该方法也只适合用于多边形点云的平滑。

2. 选择滤波

该方法在参考借鉴均值滤波和中值滤波的基础上，充分利用数据点间的相关性和位置信息，即实物的邻域内的点之间存在着很大的相关性，某一点的坐标与其周围点的坐标一般非常接近，除孤立点一般可以将其视为噪声点外，即使在边界部分也是如此。在一个样件的数据采集点的点集中，如果一个数据点的坐标值远大于或小于其邻域的值，那么可认为该数据点已经被噪声污染了。对数据点和噪声点采取不同的处理方式，避免了噪声的传播。其滤波算法的具体流程如下：

第一步，给定 m 和 n 的值(其中 m,n 为奇数)，确定窗口的大小为 $m\times n$，即窗口中有 $m\times n$ 个数据点；

第二步，将窗口内的所有元素按数组形式存储，令 $A=W(Z_{ij})$；

第三步，对数组内的元素值的大小进行重新排序，即对窗口内所有点的 Z 坐标值的大小进行排序，以此找出该窗口内所有数据点 Z 坐标值的中值 $\mathrm{mid}[W(Z_{ij})]$；

第四步，如果 $Z_{ij}=\max[W(Z_{ij})]$或者 $Z_{ij}=\min[W(Z_{ij})]$，那么滤波后数据点的 Z 坐标值 $P_{ij}=\mathrm{mid}[W(Z_{ij})]$，否则滤波后数据点的 Z 坐标的输出值为$P_{ij}=Z_{ij}$。

此方法首先对数据点与噪声点进行判别，对数据点和噪声点采取不同的处理方式，避免了噪声的传播，并且用中值代替噪声点的值，没有数据点的损失，不会导致边界模糊。该算法在继承均值滤波和中值滤波思想的基础上，克服了缺点。实验研究表明，该方法既能较好地平滑噪声点，同时又有相对较好的保留特征性。但对于大面积噪声点区域却会造成错误的判断，因此滤波平滑效果会大打折扣。在这样的情况下，经此方法平滑处理的点云可能产生严重的形变。还有一类方法，它根据点云的数据特点，将点云数据看作特定的图像，所以可以借鉴几种二维图像处理的滤波方法。只不过在图像处理中，处理的是每个像素的像素值，而对点云的过滤是处理的每个点的坐标值(x,y,z)。对于这种点云数据，平滑滤波一般都是借鉴了数字图像处理中的概念，将所获得的点云数据视为图像数据(image data)，即将数据点的z值作为图像中像素点的灰度值来对待。而且这类方法也很适用于扫描线点云的平滑处理。

3. 中值滤波

二维图像中的中值滤波是取滤波窗口灰度值序列中间的那个灰度值为中值，用它来代替窗口中心所对应像素的灰度。把它应用到点云中平滑时，通过在点云数据上滑动一个含有奇数个点的窗口，对该窗口所覆盖点的z坐标值按大小进行排序，处在z坐标值序列中间的那个点称为中值点，用它来代替窗口中心的点。中值滤波是一种有效的非线性滤波，常用于消除随机脉冲噪声，能有效地去除毛刺数据，以及大幅度噪声数据的影响，能很好地保持模型的细节特征，但对于彼此靠近的脉冲噪声滤除效果不好。中值滤波效果示意图如图5.5(b)所示。

4. 高斯滤波

高斯滤波器在指定域内的权重为高斯分布，将某一数据点与其前后各n个数据点加权平均，这类似于一个低通滤波方法，对符合高斯分布的高频噪声数据有很好的抑制作用。故在滤波的同时能较好地保持原数据的形貌，能避免平均滤波的缺点，但它并不能完全去除噪声点。

对于连续型随机变量x，存在实数μ和$\sigma(\sigma>0)$，若其概率密度函数为

$$p(x)=\frac{1}{\sqrt{2\pi}\sigma}\mathrm{e}^{-\frac{(x-\mu)^2}{2\sigma^2}},\quad x\in(-\infty,+\infty) \tag{5.12}$$

则称x服从参数为μ和σ的高斯分布。点云的分布经过高斯滤波先后的对比效果如图5.5(c)所示。

5. 均值滤波

二维图像中的均值滤波是取滤波窗口灰度值序列中的统计平均值，用它来代替窗口中心所对应像素的灰度。应用于平滑点云数据时，在点云上移动一个奇数滑动窗口，并把处于窗口中心的点z坐标用窗口中所有点的z坐标均值来代替。点云均值滤波时会使数据趋于平坦，同时均值滤波也能使点云模型表面细节丢失。这个问题可以通过调整参数的取值，在细节保留与滤波效果之间达到平衡，

均值滤波平滑效果示意图如图 5.5(d)所示。

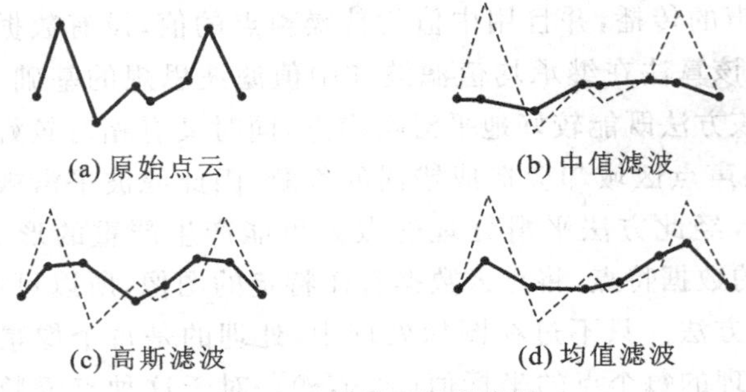

图 5.5 平滑效果示意图

5.2.3 点云精简处理

采样点越多对被测物体外形的反映越精确，但在点云的重构中并不是所有的数据点都能在这个过程中起到有效作用。恰恰相反，过多的数据点对后续处理以及存储、传输等都带来了不便，这将会占用大量的计算机资源和花费更多的处理时间。如果直接对扫描得到的大规模点云进行曲面造型处理，不但要面对大量的数据处理，而且生成点云曲面也要花费相当长的时间，整个过程也会变得难以控制。因此，可以根据不同情况下的需要在保证一定精度的前提下，舍弃信息量小的数据点，从而对原始点云数据进行一定程度的简化。

点云精简技术不断发展，越来越多的方法涌现出来，但无论什么方法都是本着这样一个原则：在保持被测物体几何特征的前提下，根据物体的几何特征，对测量数据点进行精简。因此，对于不同类型的点云需要采用不同的简化方法，以便得到最好的简化效果。数据精简的方法主要有：平均精简——在以网格或扫描方式获取的点云数据中每隔若干点保留一个；按距离精简——利用最大点间距参数对点云数据进行处理，使点云中保留的点与点间的距离均大于允许值；按弦偏差精简——可删除平坦区域的数据点，而保留那些具有高曲率变化的数据。

5.2.4 点云数据插补

由于被测工件结构的复杂性或测量机自身的限制，存在测量时一些探头无法检测到的区域和由“布尔减”运算或裁剪等生成的特征，如凹边、孔和槽等，这样点云数据就会出现“空白”现象，加大了后期曲面重构的难度，必须补齐“空白”处的数据，我们把补齐数据的过程，称为数据的插补。目前采用的数据插补方法主要有以下几种。

1. 实物填充法

这种方法是在测量之前，根据被测工件的外形特征，用一种填充物将不完整处填充完整。在进行填充的时候，要尽量保持填充物表面的光滑以及与周围区域连接的光顺性。实践中，一般采用生石灰加水作为填充物，其可在短时间内固化，且具有一定的可塑性以支持接触式测量。测量工作完毕后,需要把填充物取出,测出空白区域的边界信息,用这些边界作为最终曲面裁剪的依据。

2. 造型设计法

当工件缺口区域难以用填充物填充时,可以在建模重构中用CAD或特定的软件根据被测工件的外形特征,设计相应的缺口曲面,然后通过边界裁剪出需要插补的曲面,进而得到插补的曲面。

3. 曲线、曲面插值补充法

该方法主要用于插补区域面积不大的情况,利用测量的数据拟合得到曲线、曲面,再根据曲线和曲面的形状,利用曲线、曲面的编辑功能,将曲线、曲面延拓至插补区域覆盖完全,得到插补数据。其中曲线插补适用于规则数据点或截面扫描测量的数据点,而曲线插补同时适用于规则或散乱的数据点。

5.2.5　点云数据分割

实践中,被测工件的形面往往不只由一个简单曲面构成,这样就需要对获取的点云数据进行分割处理,将同一子曲面的点云数据成组,从而把整体点云数据分成不同曲面的数据域,在后期曲面重构时,分别拟合单个曲面模型,再通过曲面的过渡、延伸、相交、裁减、倒圆等将多个曲面组成一个整体。数据分割分为基于测量的分割和自动分割两种方法。

1. 基于测量的分割

在测量过程中,对于工件外形复杂的曲面,将曲面分割成不同的简单子曲面,然后分别对这些子曲面进行测量,最后把得到的点云数据整合成完整的实物表面信息,这就是基于测量的分割方法。

2. 自动分割

自动分割主要有边界分割和曲面分割两种形式,边界分割是根据组成曲面数据的边界轮廓特征,曲面间的相交、过渡特征等确定出边界点云数据,实现数据分割。曲面分割是根据曲面的性质,决定它们所属的曲面,由相邻的曲面决定曲面间的边界,这种方法常与曲面的拟合结合,在处理过程中,同时完成对曲面的拟合。

5.3　点云重构

采集的原始点云数据经过去噪平滑、精简处理后,已经比较适合用来进行点云重构。点云重构将离散的点云数据通过相关算法处理后可以比较精确、简洁地拟合成一些可以用数学表达的面。点云数据的重构按其重构的方式可分为分段线性重构、曲面拟合、基于物理的重构等方法。

5.3.1 分段线性重构

分段线性重构是一类通过建立多面体化的表面，插值或近似给定点的方法。该类方法又可分为多边形方法和体方法。多边形方法(polygonal method)是基于雕塑或区域生长的方式建立多面体模型，是一类局部重建方法。体方法(volumetric method)将三维区域分割成体素(通常为三维盒状体)，每个体素包含8个顶点，通过在这些顶点处计算场函数，可提取出等值面作为对原始曲面的近似。

其中多边形方法可以分为：基于雕塑的方法和基于区域生长的方法。在基于雕塑的方法中，Boissonnat 首次将基于 Delaunay 三角化的插值网格构造算法应用于点云重建，可证任何无孔的多面体都能由此算法得到。

Delaunay 三角划分是将空间测量数据点投影到平面来实现二维划分方法的。设空间测量点 $Q_1,Q_2,\cdots,Q_n$ 在平面上的投影为 $P_1,P_2,\cdots,P_n$，对每个投影点 P_i 划定一个区域 V_i，$1\leqslant i\leqslant N$。Voronoi 图的定义为：在 V_i 区域内任何一点 P_i 的距离比其他任意一投影节点 P_j $(1\leqslant j\leqslant N,j\neq i)$的距离都要小。一般情况下，一个完整的 Voronoi 图由多个 Voronoi 多边形组成，第 i 个 Voronoi 多边形的数学表达形式如式(5.13)所示。

$$V_i=\{x\in R^2:\|x-P_i\|\leqslant\|x-P_j\|\}\tag{5.13}$$

式中：$\|x-P_i\|$ 表示平面域上点 x 和节点 P_i 之间的欧式距离。从式(5.13)可知，Voronoi 多边形 V_i 内任意点 x 和节点 P_i 的距离比到点集 P_i 中任何其他节点的距离更近，因此 V_i 由节点 P_i 和每个相邻节点的垂直平分线所形成的开式半平面的交集组成，故 V_i 必为凸多变形。

一般情况下，Voronoi 图的一个顶点同时属于三个 Voronoi 多边形，每个 Voronoi 多边形内有且仅有一个节点。连接三个共点的 Voronoi 多边形分别对应的三个节点则形成一个 Delaunay 三角形，所有这样的三角形的集合就是著名的 Delaunay 三角剖分(见图 5.6)。

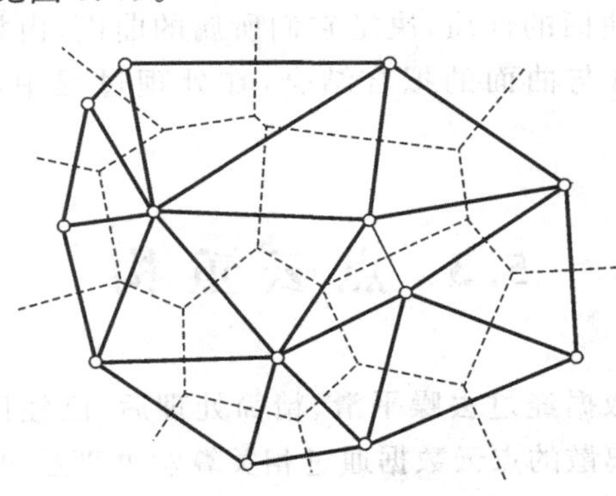

图 5.6 Voronoi 图(虚线)与 Delaunay 三角剖分(实线)

Delaunay 三角剖分的实现算法很多。最早有一种逐个插入节点的递归算法。

该算法的基本出发点是每一个 Delaunay 三角形的外接圆内不包含任何其他节点，一旦出现某三角形的外接圆内包含了其他节点的情况，就必须局部修改原来的网格剖分，直到满足这一条件为止。递归算法内容：首先构造一大外接圆 T_0，将所有节点都包含进去，然后每次引入一个节点，重复执行下列步骤，直至所有节点都进入三角网格为止。

第一步：找出已有三角形中哪些外接圆包含新加入的节点；

第二步：删除这些三角形中离新节点最近的一条边；

第三步：将新节点与四周老节点连接，产生新的三角形。

5.3.2　曲面拟合

基于计算机辅助几何设计和数字分析技术，用一组曲面片来表示重构物体。曲面拟合法是基于参数曲面、隐函数曲面或分段多项式近似数据点的一类方法。目前较成熟的曲面重构方法是以 B-Spline 曲面或 NURBS 曲线、曲面为基础的矩形域参数曲面拟合法。

1. 参数曲线与曲面

曲线和曲面可以用参数方程或者非参数表示，其中非参数表示曲线和曲面存在一些问题：与坐标轴相关，会出现斜率无穷大的情况（垂线）。对于空间曲线，难以用常系数的非参数化函数表示，不便于计算机编程。所以，一般而言，曲线、曲面都用参数方程表示，且参数方程具有如下优越性：

①可以满足几何不变性要求；

②有更大的自由度控制曲线、曲面的形状；

③非参数化方程，必须对曲线、曲面上的每一个型值点进行几何变换，而参数化方程则可以直接进行几何交换；

④避免了非参数化方程中出现斜率无穷大的情况；

⑤变量完全分离、平等，容易从低维到高维的推广。

自由三维曲线可用三个函数关系式 $x=x(t)$，$y=y(t)$，$z=z(t)$来表示，其中 t 为参数，若给定一个具体的曲线参数，曲线方程也就确定了，它既表示了曲线的形状，也确定了曲线上的点与其参数域内点的一种对应关系。

自由三维曲面可同样用三个函数关系式 $x=x(u,v)$，$y=y(u,v)$，$z=z(u,v)$来表示。u,v 为函数参数，与曲线一样，参数域内的点与曲面上的点构成一一对应的映射关系。

2. 曲线生成

工程上常用的曲线可以分为两类：规则曲线和不规则曲线。在曲面重构过程中，一种拟合曲线常用的方法是将点云数据通过插值或逼近来实现。

插值是曲线拟合的重要方法之一，通过函数在有限个点处的取值情况，估算出函数在其他点处的近似值，在离散数据的基础上，插补连续函数，使其通过全部给定的离散数据点。插值的方法较多,其中多项式插值,包括 Lagrange 插值多项式和 Newton 插值多项式,样条插值、分段插值等都是常用的插值方法。但当测量数据过大时,插值曲线控制点也相对增多,使其通过所有的数据点会相当困难。另外,测量出的数据点本身就存在误差或比较粗糙,这样要求构造的插值曲线严格通过给定数据点是比较困难的,曲线也将不平滑,即使对数据平滑处理,也会丢失曲线几何特征。

当测量数据点过大,插值法不适用时,我们往往选择一个次数较低的函数,在某种意义上最佳逼近这些数据点。例如:已知测量数据点 $P_i(i=0,1,2,\cdots,n)$,构造一条曲线在某种意义下最接近给定的数据点,称为对这些数据点进行逼近,所构造的曲线称为逼近曲线。逼近的本质就是函数的近似表示,采用逼近法,设定曲线控制点数目,基于测量数据点,用最小二乘法求出一曲线并计算测量点到曲线的距离,当最大距离大于设定误差值,则增加控制点数目,重新拟合曲线直到满足误差为止。逼近法表达了对数据点总体最优化的逼近程度,通常被用于处理大量测量的数据点。

3. NURBS 曲面拟合

目前,NURBS 曲面拟合重构主要有以下两种方法。

①通过四边形拓扑分布的数据点,采用相关软件,直接自动拟合生成曲面,但由于计算过程复杂和计算量大,而且对数据点的精度要求高,生成的曲面控制顶点的个数不易控制,这种方法在实践应用中很少采用。

②点→线→面的曲面重构,即先通过数据点拟合 NURBS 曲线,再将多条 NURBS 曲线拟合成曲面。该方法计算过程分散,计算速度快,方便跟踪曲面拟合过程和易于控制顶点。

5.3.3 基于物理的重构

基于物理的重构方法是基于构造的初始几何模型,赋予曲面一定的物理属性,通过引入物体本身的物理特征和所处外部环境因素的描述使模型变形并逼近散乱点。这类模型可分为离散模型和连续模型两类。基于物理方法是一种动态的建模方法,它具有高度的逼真造型效果,在计算机视觉中应用较多,但难以找到合适的变形函数和物理模型来实现表面的精确重构。

5.4 点云数据处理软件

5.4.1 PolyWorks 软件

PolyWorks 是加拿大 InnovMetric 公司生产的集三维扫描和点云数据处理于

一体的软件之一，它的主要功能是快速和高质量地处理由各种各样的三维坐标测量或三维扫描系统所获取的点云数据，并自动生成通用的标准格式数据[53-55]。

PolyWorks 主要有 PolyWorks/Modeler 和 PolyWorks/Inspector 两大功能模块。前者用于点云建模，后者用于点云处理和测量。作为点云数据处理软件，PolyWorks 可以做点群数据合并、结合、断面切割及质量分析等，其强大的检测功能能够更好地完成被检数据与生产技术数据的检验、比对工作。PolyWorks 软件中的 PolyWorks/Inspector 模块可以完成传统的常用特征测量（点、圆、面等）功能，另外还可以实现虚拟装配、功能验证和其他基于扫描点云的重要测量，包括 2D Calipers、GD&T、Flush&Gap、半径、厚度、体积等的测量，同时，该软件拥有多种数据格式的输出接口，能方便地与其他常用软件进行数据交换。

5.4.2　Imageware 软件

Imageware 逆向软件是由美国 EDS 公司出品的，后来被 Siemens PLM Software 公司在德国收购了，它合并了随之而来的 NX 产品线，是最著名的逆向工程软件，被广泛应用于汽车、航空、航天、家电、模具、计算机零部件等设计与制造领域。Imageware 作为逆向工程造型软件，具有强大的测量数据处理能力，能进行曲线和曲面拟合，可以处理成千上万甚至上百万的点云数据，并且具有误差检测功能。

根据这些点云数据构造的 A 级曲面（CLASS A）具有良好的品质和曲面连续性。Imageware 的模型检测功能可以方便、直观地显示所构造的曲面模型与实际测量数据误差，以及平面度、圆度等几何误差。

Imageware 逆向工程软件的主要产品有：

①Surfacer——逆向工程工具和 class1 曲面生成工具；

②Verdict——对测量数据和 CAD 数据进行对比评估；

③Build it——提供实时测量能力，验证产品的制造性；

④RPM——生成快速成型数据；

⑤View——功能与 Verdict 相似，主要用于提供三维报告。

Imageware 采用 NURBS 技术，具有的功能非常大，且易于应用。Imageware 对硬件要求不是很高，在各种平台都可以运行：UNIX 工作台、PC 机均可，要求的操作系统可以是 UNIX、NT、Windows 等。

5.4.3　Geomagic Studio 软件

Geomagic Studio 是美国雨滴（Raindrop Geomagic）软件公司出品的逆向工程和三维检测软件，它可以根据扫描对象所得的点阵模型创建多边形模型和网格模型，并将其转换为 NURBS 曲面。该软件的主要功能是支持多个扫描器读取的文件格式转换和大量的点云数据预处理，以及智能化 NURBS 构面等。其点云数据采用精简算法，克服了其他类似的软件在进行点云数据操作时，拓扑图形显示速度慢等缺点，而且该软件的软件界面设计人性化，操作非常方便。

Geomagic 软件主要包括 Geomagic Qualify、Geomagic Shape、Geomagic Wrap、Geomagic Decimate、Geomagic Caputure 共五个模块，它基于先进的数学模型和曲面构造，可以很容易地根据扫描点云数据创建和完善一个多边形网格模型，并可自动转换为 NURBS 曲面。该软件提供了直接由点构面的方式，改变了传统的点-线-面的构成方式；体现了数字形状重建（digital shape reconstruction）这种技术发展的新趋势，也是除 Imageware 逆向工程软件之外应用最为广泛的逆向工程软件。

Geomagic Studio 具有如下所有特点：

①Geomagic Studio 提供多种建模格式，包括目前主流的 3D 格式数据：点、多边形及非均匀有理 B 样条曲面模型；

②处理自由曲面形状或复杂形状时，生产率比传统 CAD 软件提高十倍，自动化特征和简化的工作流程可缩短培训时间，可使用户免于执行单调乏味、劳动强度大的任务；

③数据的完整性与精确性能确保生成高质量的模型；

④可与大部分的主流三维扫描仪、计算机辅助设计软件（CAD）、常规制图软件和快速设备制造系统配合使用，兼容性强，可有效减少投资；

⑤能够作为一个独立的应用程序，运用于快速制造，或作为对 CAD 软件的补充。

模块6　3D测量实例

本章以非接触式测量为例，采用 PowerScan 三维测量设备，对高尔基头像和唐三彩骏马进行 3D 测量[56]，得到点云数据，并对点云数据进行处理和重构，最后生成三维立体模型数据。

6.1 扫描流程

具体扫描测量流程如图 6.1 所示。

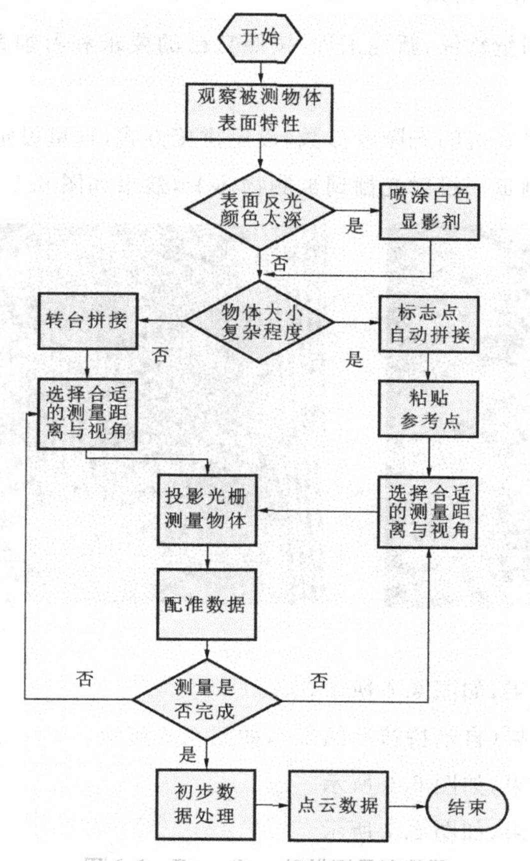

图 6.1　PowerScan 扫描测量流程图

6.2 扫描测量实例

6.2.1 高尔基头像测量

第一步：调试设备，标定摄像机。

第二步：观察被测量物体的特点和表面材质。如果表面较亮有反光现象或是过暗有吸光现象，就要在被测量物体表面喷涂白色的显影剂，使得表面具有均匀的漫反射，这样更有利于模型测量，获取的点云数据精度高。高尔基头像的材质具有均匀的漫反射，故不用在其表面喷涂显影剂，可直接进行测量。

第三步：为了能够测量完整的模型点云数据，向被测量模型粘贴标识点。标志点粘贴效果如图 6.2 所示。

第四步：打开测量软件，新建工程，按照自己的要求和习惯命名。这里我们将其命名为：高尔基。

第五步：调整摄像机的光圈等参数，设定拼接方式，这里设定为自动拼合。

第六步：开始测量。投射光栅到被测物体上，效果如图 6.3 所示。

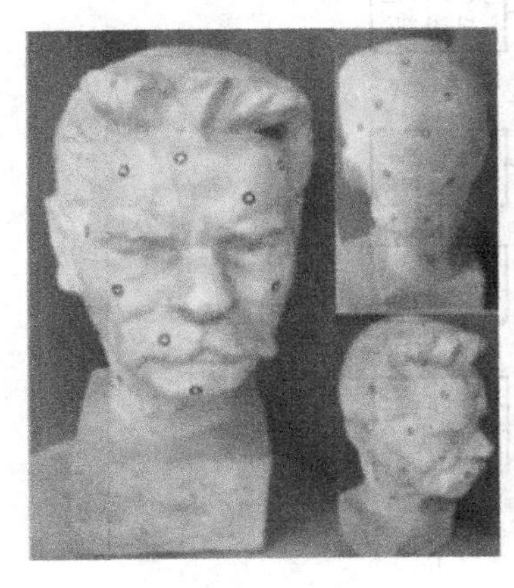

图 6.2 标志点粘贴示意图

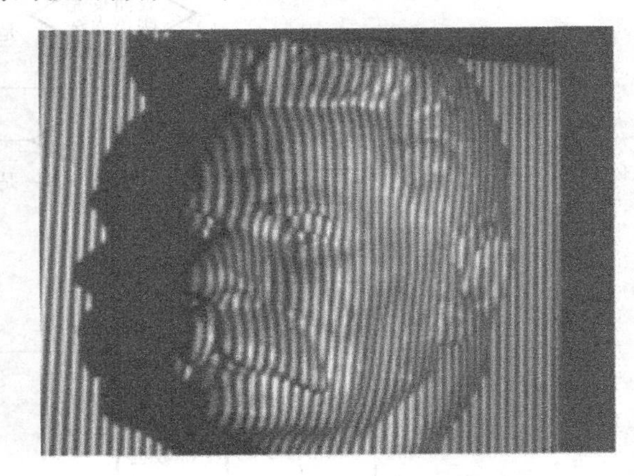

图 6.3 投射光栅效果图

第一次测量结果，如图 6.4 所示。

第二次测量结果（自动拼接后结果），如图 6.5 所示。

第三次测量结果，如图 6.6 所示。

第四次测量结果，如图 6.7 所示。

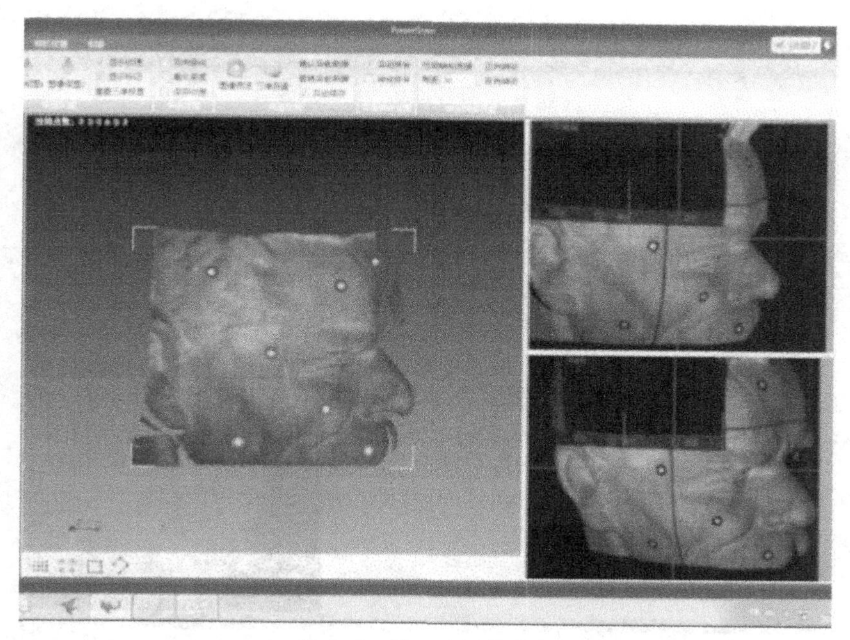

图 6.4　第一次测量结果

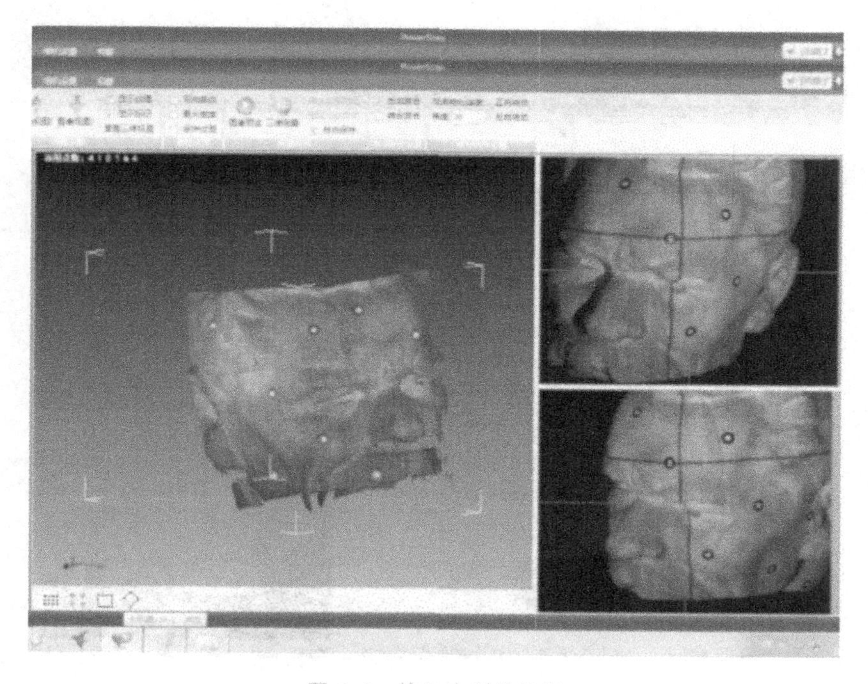

图 6.5　第二次测量结果

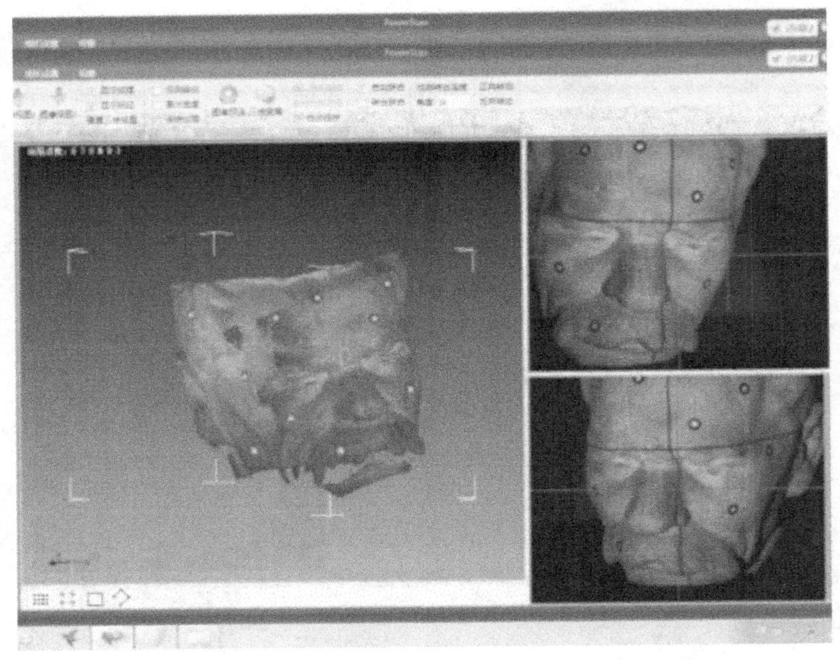

图 6.6　第三次测量结果

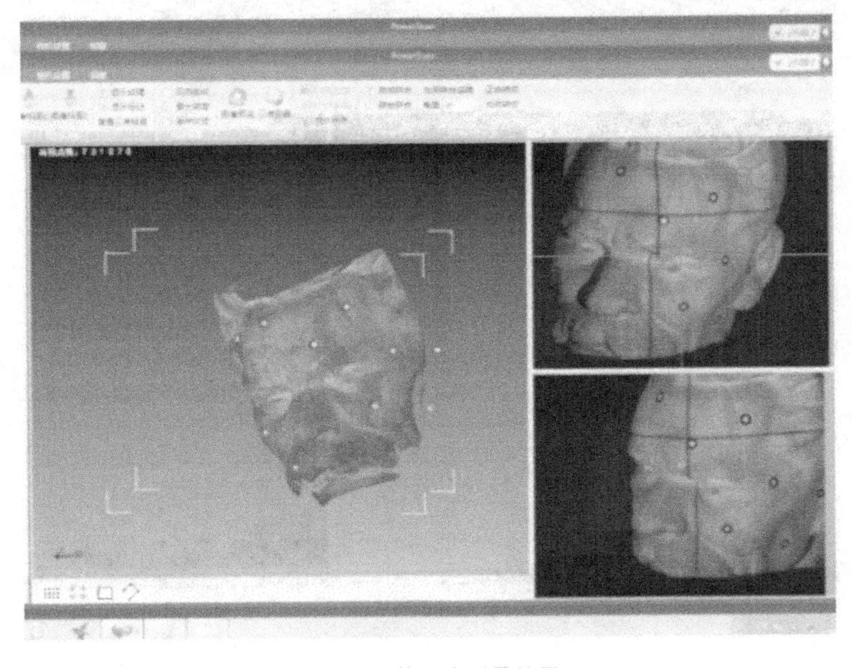

图 6.7　第四次测量结果

第八次测量结果，如图 6.8 所示。

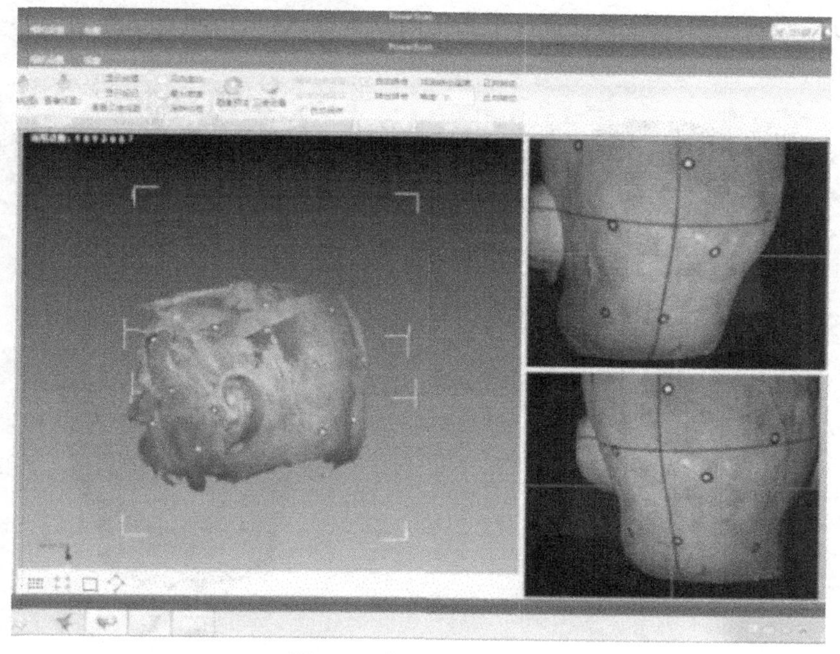

图 6.8　第八次测量结果

第十二次测量结果，如图 6.9 所示。

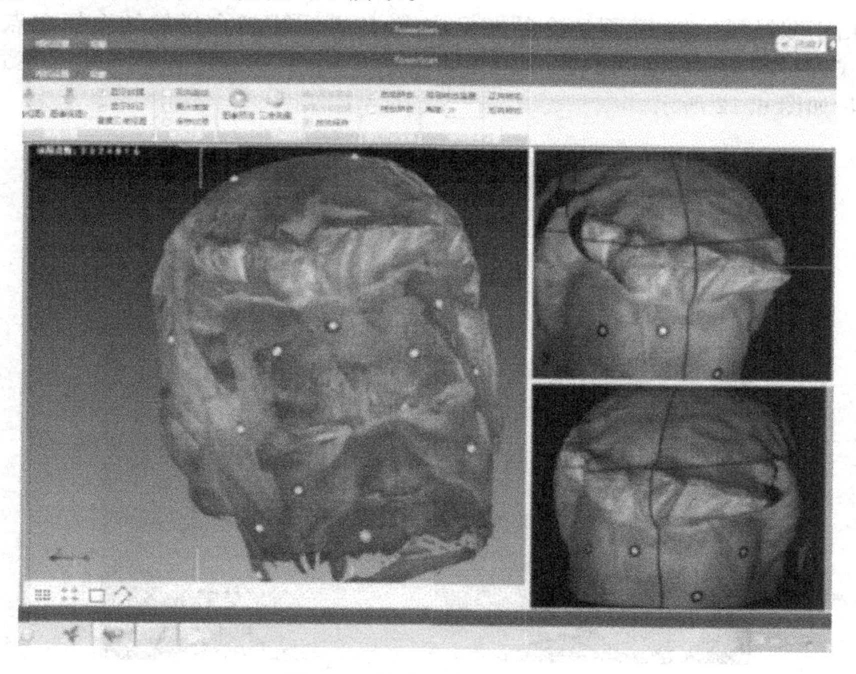

图 6.9　第十二次测量结果

由于本测量实例的高尔基头像尺寸较大，型面复杂，采用 PowerScan 自动拼接的方式经过十六次的测量获得了完整的点云数据，最终测量结果如图 6.10 和图 6.11 所示。

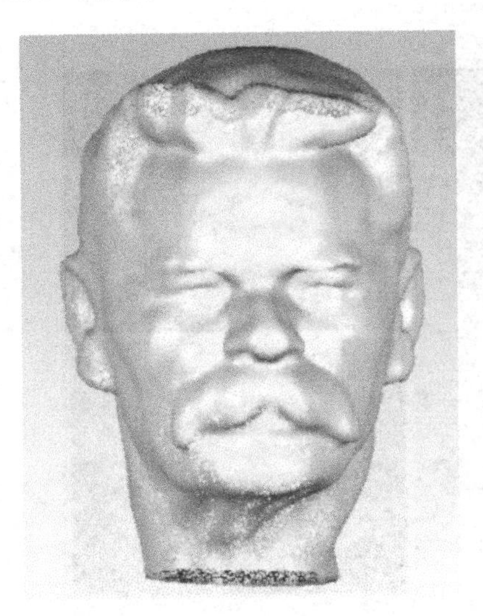

图 6.10 最终测量结果点云图

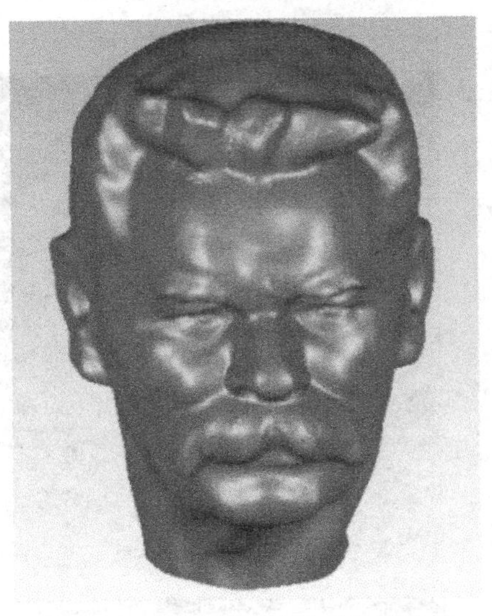

图 6.11 最终测量结果三角网格图

6.2.2 唐三彩骏马测量

由于骏马尺寸较小，不适合粘贴标志点，因此采用转台拼接结合标志点拼接的方式进行测量比较合适。测量步骤同高尔基头像一致，选择转台拼接模式，测量实物如图 6.12 所示。

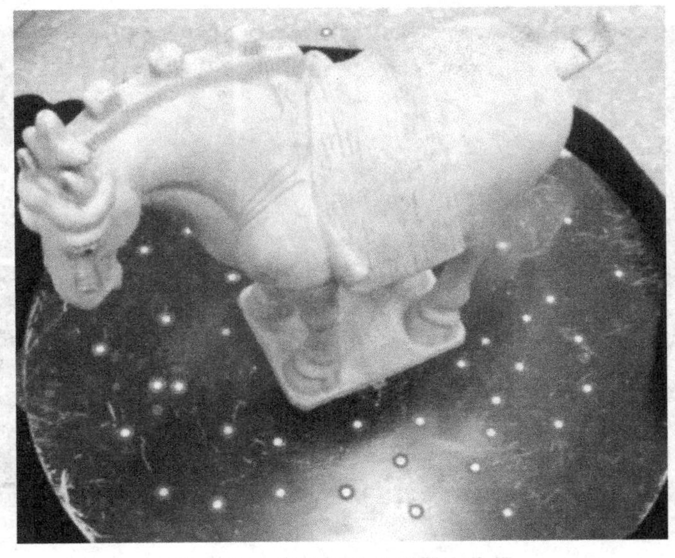

图 6.12 唐三彩骏马测量实物图

第一个角度测量结果，如图 6.13 所示。

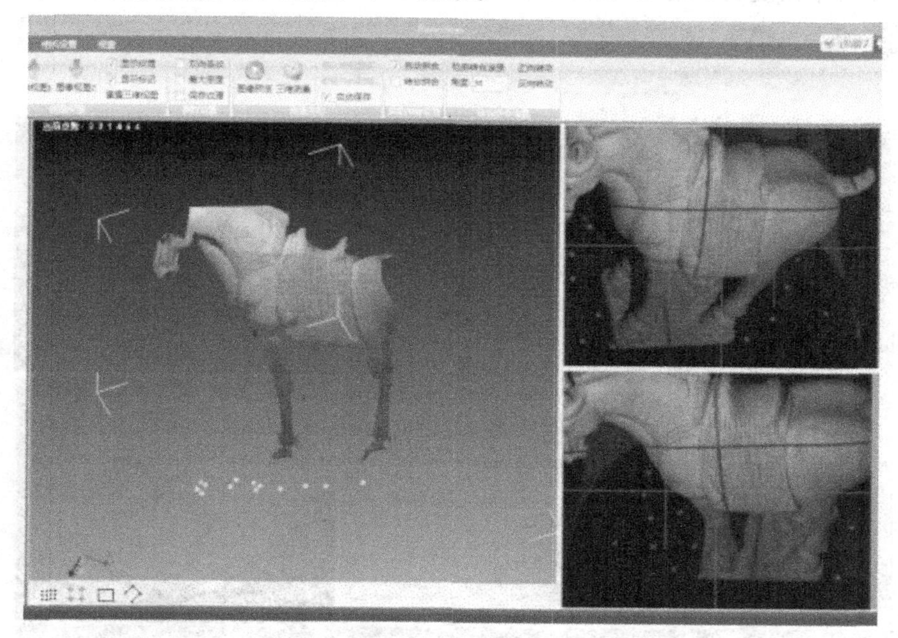

图 6.13　第一个角度测量结果

第二个角度测量结果，如图 6.14 所示。

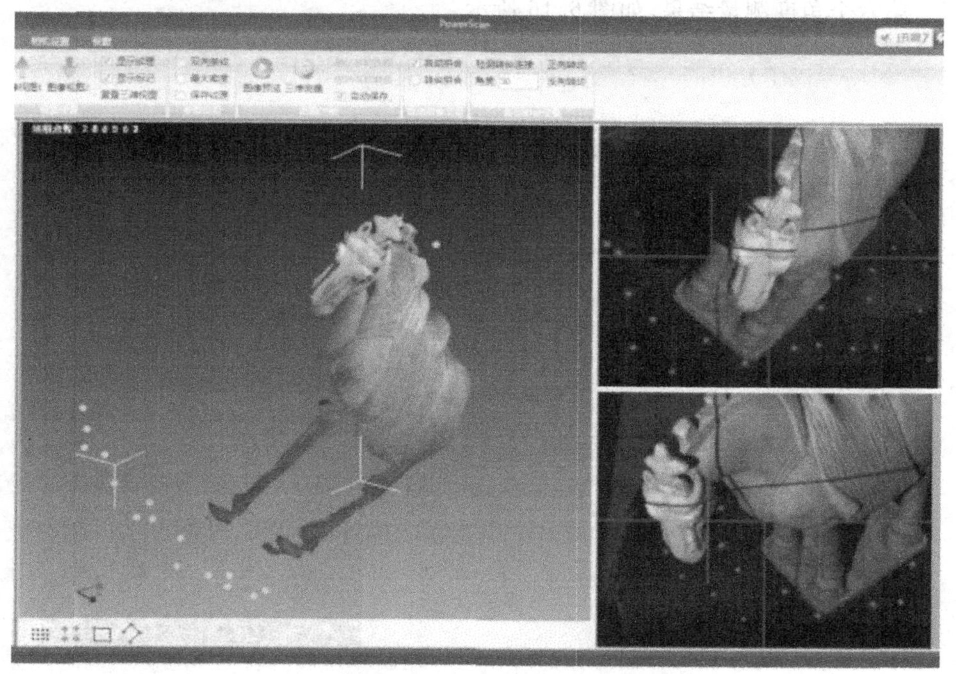

图 6.14　第二个角度测量结果

第三个角度测量结果，如图 6.15 所示。

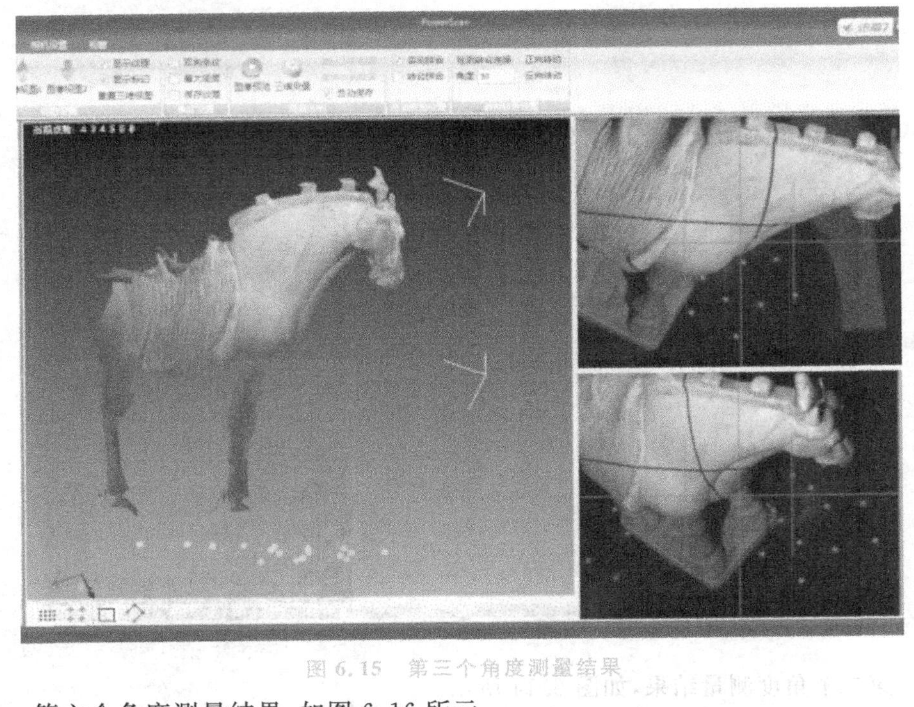

图 6.15　第三个角度测量结果

第六个角度测量结果，如图 6.16 所示。

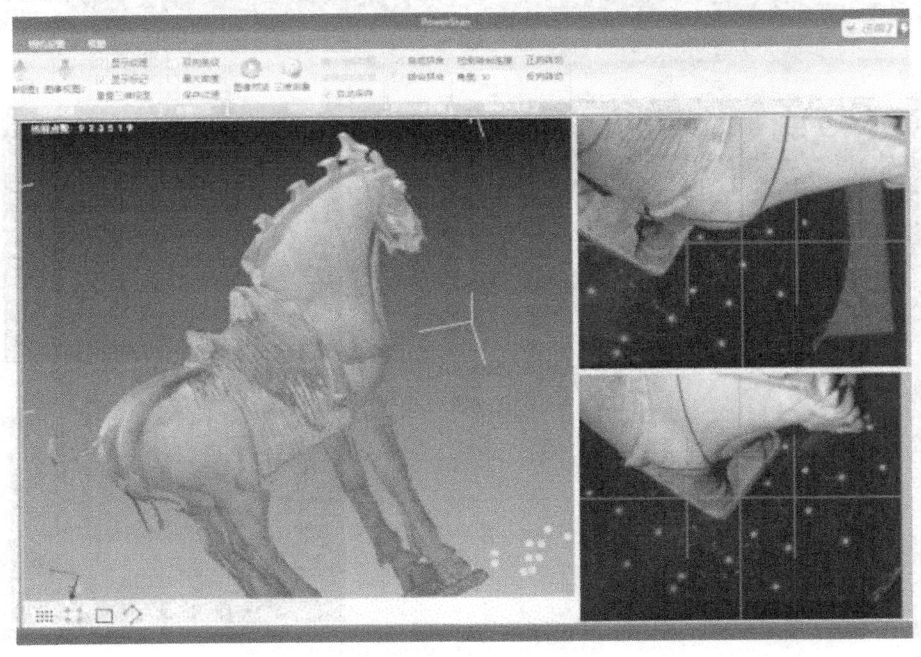

图 6.16　第六个角度测量结果

第十个角度测量结果，如图 6.17 所示。

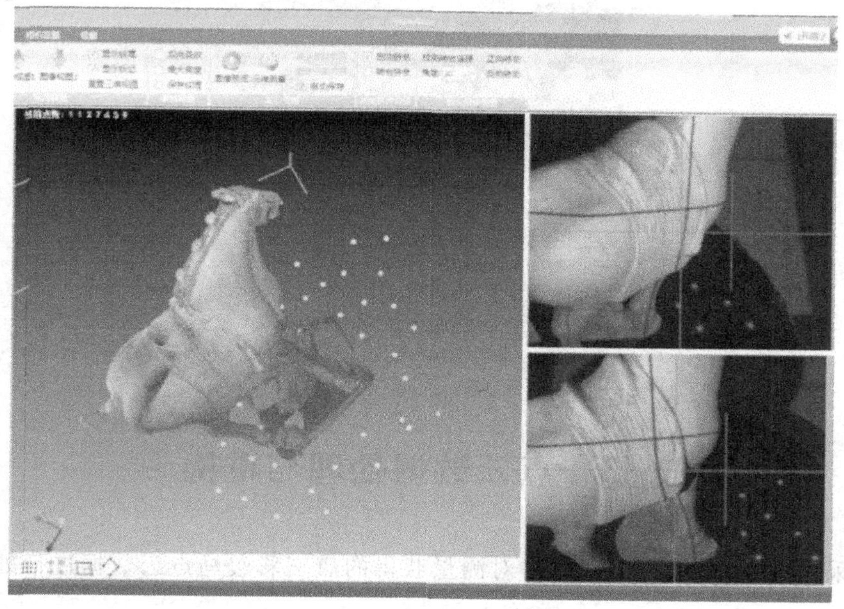

图 6.17　第十个角度测量结果

由于骏马的尺寸比较小，曲面复杂。在表面粘贴标志点会影响测量的精度，而且会在模型的表面上留小一些标志点形成的空洞，曲面曲率比较大的时候，修补空洞会带来较大的误差。所以，此处采用转台与标志点结合的测量方式来完成模型的测量。通过转台旋转 10 次，每次旋转 36°，测量模型的主体数据，再结合标志点拼接，测得在转台旋转时无法测量到的部位的数据，最终获得骏马的完整点云数据模型，测量结果如图 6.18 和图 6.19 所示。

图 6.18　最终测量结果点云图

图 6.19 最终测量结果三角网格图

6.3 点云数据处理与重构

采用 Geomagic Studio 软件对测量获得的唐三彩骏马点云数据进行处理和重构。

在 Geomagic Studio 中完成一个三角网格模型(STL,3D 打印可以直接用的数据格式)具有很大的优势,因为此软件功能强大、运算速度快。这个过程主要分成两步:第一步,点云预处理;第二步,三角网格模型处理,流程如图 6.20 所示。第一步的主要作用就是对导入的点云数据进行预处理,将其处理为整齐、有序及可提高建模效率的点云数据。第二步的主要作用就是对多边形网格数据进行表面光顺与优化处理,以获得光顺、完整的三角网格面片,并消除错误的三角网格面片,提高模型重建的质量。

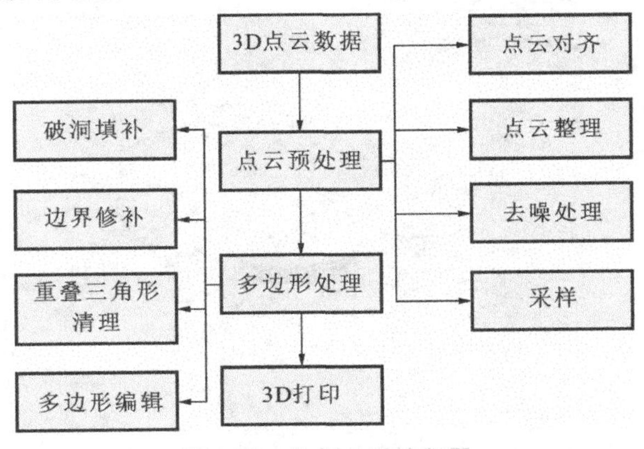

图 6.20 数据处理流程图

对唐三彩骏马模型数据处理流程如下:

①对导入软件的点云数据进行预处理;

②对三角网格数据进行处理。

点云预处理阶段的主要命令及操作说明如下。

1. 导入点云数据

Geomagic Studio 支持多种数据格式，如 stl、asc、txt、igs 等多种通用格式。单击“文件”→“打开”，选择点云文件所在的路径，单击鼠标右键选择点云着色命令，对点云进行着色渲染，以便于更直观地观察，点云数据如图 6.21 所示。

2. 去除噪声点

由于扫描设备的技术限制及扫描环境的影响，不可避免地在扫描测量的过程中产生噪声点，可以通过软件中的功能手动删除，也可以执行“体外孤点”命令设置参数进行删除，效果如图 6.22 所示。图中红色点为通过套索工具选中的标志点点云，在这里可以算作噪声点。

图 6.21　点云数据图

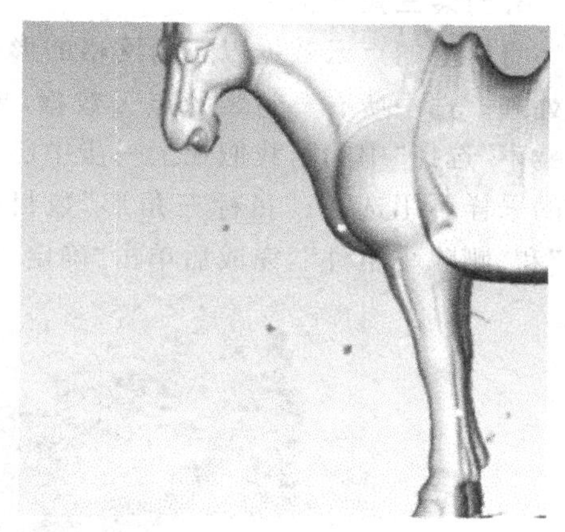

图 6.22　含噪声的点云数据图

单击“编辑”→“选择工具”→“套索”，对模型主体外的多余点云手动删除。单击“减少噪声”→“参数选择”，然后单选“棱柱形（积极）”，“平滑等级”通过滑动滑块来选择，单击“应用”按钮，完成后单击“确定”按钮。图 6.23 为噪声点删除后的效果图。

3. 数据精简

由于面结构光测量原理，测量产生的点云数量比较庞大，为了提高效率，要对测量得到的点云数据进行精简。本例中点的数量为 2779381 个，为了提高系统的运行效率，在不影响表现模型细节的情况下，对模型进行数据精简。Geomagic Studio 提供了四种数据精简模式：曲率精简、等距精简、统一精简和随机精简。其中的曲率精简是根据模型的表面曲率变化进行不均匀采样，即对模型曲率变化较大的地方保留较多的点，以保证模型的原始形状及细节特征，在模型曲率变化较小的地方，保留较少的点。经过四分之一采样后，点数量变为 67109 个，效果如图 6.24 所示。

图 6.23　去除噪声点后的点云数据图

图 6.24　精简后的点云数据图

4. 封装三角网格

将模型的点云数据以三角网格的形式铺满，可以在三角网格模型下对模型进行处理。选中所有要封装的点云数据，单击“封装”，“封装类型”选择“曲面”，“降低噪声”选择“中间”，我们在上一步中已经对点云数据进行了采样，所以这一步骤中的采样不用选择；“目标三角形”数目一般是点数目的一半；勾选“保持原始数据”和“删除小组件”，完成后单击“确定”按钮，如图 6.25 所示。

图 6.25　封装后模型

5. 三角网格处理

封装成三角网格后，软件系统会自动进入多边形阶段，然后在这个模式下对模型的数据进行处理，处理过程主要包括：填充空洞、去除特征、光顺模型、清除和修复相交区域等步骤。

①填充空洞。

由于扫描出来的点数据会有空洞等数据缺失，例如，由于在模型表面粘贴了标志点，扫描过后标志点的位置就会留下空洞，为了完整化模型要对数据上存在的空洞进行修补。

单击“多边形”→“填充孔”，“填充方法”选择“填充”，并勾选“基于曲率的填充”，移动鼠标选择内部孔的边界，单击鼠标左键，软件自动填充，填充完成后的模型如图 6.26 所示。

②去除特征。

为了更好地建立模型或对模型进行改进，可去除模型中的部分特征。

用“套索工具”选择特征及周围部分，注意不要选到边界的部分，单击“多边形”→“去除特征”，软件根据曲率对选中的部分进行特征消除，如图 6.27 所示，骏马模型的红圈位置有一个小的疙瘩，我们可以按照上述的步骤将之清除掉。去除前后效果如图 6.27 所示。

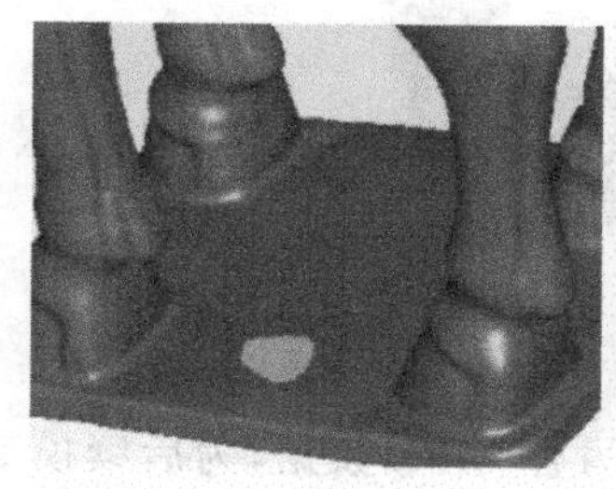

(a) 孔洞填充前

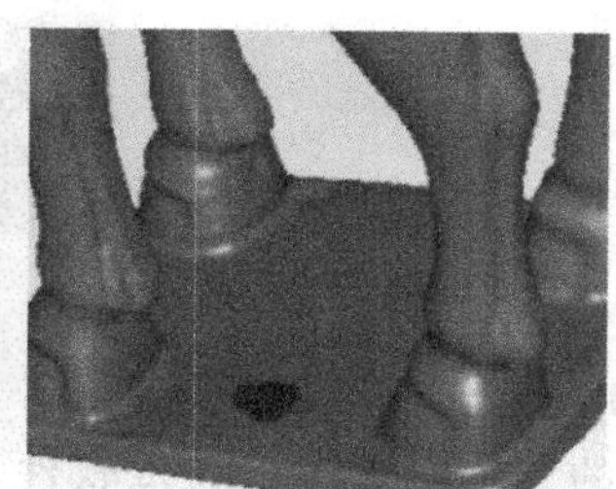

(b) 孔洞填充后

图 6.26　孔洞填充前后效果图

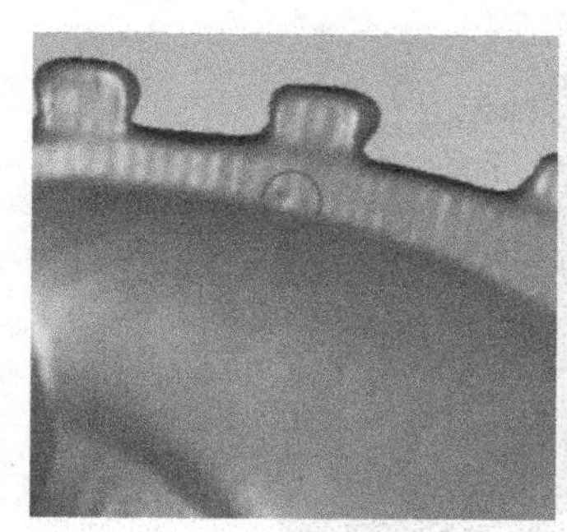

(a) 特征去除前

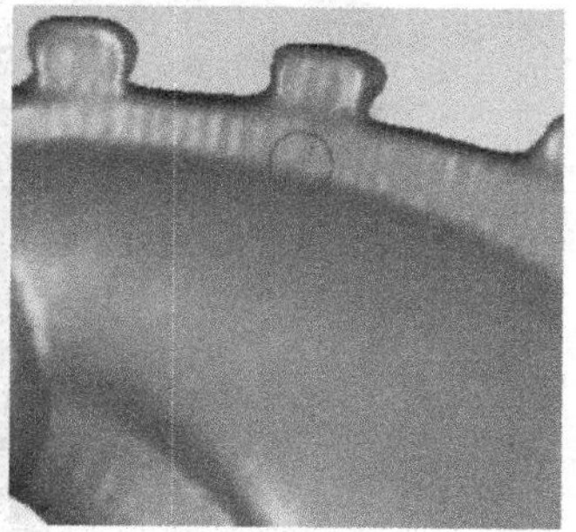

(b) 特征去除后

图 6.27　特征去除前后效果图

③光顺模型。

利用软件中的“砂纸”对模型表面进行光顺处理可以获得较好的模型表面。

单击“多边形”→“砂纸”，“操作”选择“松弛”，选择合适的松弛强度，长按鼠标左键在模型表面进行打磨；单击“多边形”→“松弛”，“平滑级别”滑动至中间，“强度”选择“最小值”，勾选“固定边界”，单击“应用”按钮，完成后单击“确定”按钮。

④清除和修复相交区域。

由于扫描技术的限制，获取到的点云数据通常会存在多余的、错误的或是不准确的点。因此，也要对由这些点构成的三角面片网格进行删除或编辑处理，进一步对模型表面进行光顺处理以获得满意的模型。

单击“多边形”→“修复相交区域”，系统显示“没有相交三角形”时即为处理完毕，最终完成效果如图 6.28 所示。

图 6.28　修复完成的三角网格模型效果图

6. 输出 stl 数据

将处理完的三角网格模型通过软件另存为 stl 数据，为后续模型增材制造所用，最终模型效果如图 6.29 所示。

图 6.29　最终 stl 模型图

保存为 stl 模型后，就可以进行 3D 打印了。

附录A 本书部分英中文术语对照

英文简称	英文全称	中文名称
PM	Prescriptive Model	预定模式
FE	Forward Engineering	正向工程
RE	Reverse Engineering	逆向工程
RP	Rapid Prototyping	快速成型
RM	Rapid Manufacturing	快速制造
CE	Concurrent Engineering	并行工程
VM	Virtual Manufacturing	虚拟制造
3D	Three Printing	三维打印
CAD	Computer Aided Design	计算机辅助设计
CAM	Computer Aided Manufacture	计算机辅助制造
CT	Computed Tomography	计算机断层扫描技术
NMR	Nuclear Magnetic Resonance	核磁共振
MRI	Magnetic Resonance Imaging	核磁共振成像
—	Point Cloud	点云
PSD	Position Sensitive Detector	光敏位置探测技术
CCD	Charge-coupled Device	电荷耦合元件
CAT	Computerized Axial Tomography	计算机轴向断层扫描
SV	Stereo Vision	立体视觉
CMM	Coordinate Measuring Machine	坐标测量机
CNC	Computer numerical control	计算机数字控制
PC	Personal Computer	个人计算机
CPU	Central Processing Unit	中央处理机
PCI	Peripheral Component Interconnect	外部控制器接口
ISA	Industry Standard Architecture	工业标准体系结构
PID	Proportion Integration Differentiation	比例-积分-微分
TP	Trigger Probe	触发式测头

续表

英文简称	英文全称	中文名称
SP	Scanning Probe	扫描式测头
NCP	Non-Contact Probe	非接触式测头
EWL	Effective Working Length	有效工作长度
BS	Ball Stylus	球形探针
SS	Star Stylus	星形探针
CP	Cylindrical Probe	圆柱形探针
DP	Disk Probe	盘形探针
PP	Point Probe	点式探针
HP	Hemispherical Probe	半球形探针
DOS	Disk Operating System	磁盘操作系统
—	Rational-DMIS	爱科腾瑞
—	PC-DMIS	海克斯康
—	Calypso	蔡司
—	Merosoft CM	温泽
—	CAM2Q	发如
PM	Polygonal Method	多边形方法
VM	Volumetric Method	体方法
BS	B-Spline	B样条曲线
NURBS	Non Uniform Rational B-Spline	非均匀有理B样条曲线
—	Siemens PLM Software	西门子
—	CLASS A	A级曲面
—	Raindrop Geomagic	美国雨滴
—	Digital Shape Reconstruction	数字形状重建

参考文献

[1] 许耀东,周卫.现代测量技术实训[M].武汉:华中科技大学出版社,2014.
[2] 王从军.基于面结构光的航空零部件三维测量和精度检测[D].武汉:华中科技大学,2012.
[3] 聂迪,赵彦如,等.基于逆向工程的曲面零件重构[J].山东工业技术,2016(5):112.
[4] 曹晓兴.逆向工程模型重构关键技术及应用[D].郑州:郑州大学,2012.
[5] 徐温.主动三维光学测量技术研究[D].武汉:华中师范大学,2012.
[6] 周荷琴.CT 图像金属伪影校正算法研究[D].合肥:中国科学技术大学,2009.
[7] 罗晓斐.核磁共振仪器若干技术研究[D].西安:西安石油大学,2013.
[8] 杨传贺.激光差频扫描三维立体测量技术[D].青岛:中国海洋大学,2012.
[9] 吴亚鹏.基于双目视觉的运动目标跟踪与三维测量[D].西安:西北大学,2008.
[10] 赵必玉.高精度面结构光三维测量方法研究[D].成都:电子科技大学,2015.
[11] 韩佩妤.基于彩色结构光的三维测量技术研究[D].南京:东南大学,2010.
[12] 吴艳.结构光投影三维测量方法的研究[D].西安:西安建筑科技大学,2012.
[13] 陈欢.基于 PDCA 模式的三坐标测量机精度检测质量优化研究[D].天津:河北工业大学,2013.
[14] 黄奎.多关节式坐标测量系统的关键技术研究[D].武汉:华中科技大学,2010.
[15] 李明宇.基于关节臂式坐标测量机的某飞行器装配测量方法研究[D].哈尔滨:哈尔滨工业大学,2011.
[16] 林铿.关节臂式坐标测量机的误差分析与补偿研究[D].杭州:浙江大学,2010.
[17] 雷曼.与混凝土细观损伤信息提取相关的 CT 分辨率和图像处理方法研究[D].西安:西安理工大学,2014.
[18] 郭立倩.CT 系统标定与有限角度 CT 重建方法的研究[D].大连:大连理工大学,2016.
[19] 俎栋林,高家红.核磁共振成像——物理原理和方法[M].北京:北京大学出版社,2014.
[20] 周博君.基于压缩感知的核磁共振图像重建的研究[D].天津:河北工业大

学,2012.
[21] 陈爱鸾.基于 SIFT 算子的双目视觉三维测量技术研究[D].广州:广东工业大学,2015.
[22] 王成成.三维物体面形结构光视觉测量[D].哈尔滨:哈尔滨工程大学,2015.
[23] 向志聪.非接触光学三坐标测量机的研究[D].广州:广东工业大学,2016.
[24] 邵双运.光学三维测量技术与应用[J].现代仪器,2008(3):10-13.
[25] 刘玉宝.线结构光三维测量关键技术研究[D].泉州:华侨大学,2014.
[26] 张万祯.数字投影结构光三维测量方法研究[D].杭州:浙江大学,2015.
[27] 万美婷.基于面结构光的航空发动机叶片三维测量研究[D].南昌:南昌航空大学,2012.
[28] 张玉存,付献斌,等.一种大型锻件外形尺寸在线测量新方法[J].计量学报,2010,31(5):422-425.
[29] 海克斯康测量技术公司.实用坐标测量技术[M].北京:化学工业出版社,2008.
[30] 张兴华.制造技术实习[M].北京:北京航空航天大学出版社,2011.
[31] 粟祜.坐标测量机[M].北京:国防工业出版社,1984.
[32] 刘鹏.基于计算机仿真的三坐标测量机非刚性误差补偿技术研究[M].重庆:重庆大学出版社,2015.
[33] Kim W S,Raman S. On the selection of flatness measuremem points in coordinate measuring machine inspection[J]. International Journal of Machine Tools and Manufacture,2000,40(3):427-443.
[34] Chanthawong N,Takahashi S,Takamasu K,et a1. Performance evaluation of a coordinate measuring machine's axis using a high-frequency repetition mode of a mode-locked fiber laser[J]. International Journal of Precision Engineering and Manufacturing,2014,15(8):1507-1512.
[35] Yu H,Zhu J,Wang Y,et a1. Obstacle classification and 3D measurement in unstructured environments based on ToF cameras[J]. Sensors,2014,14(6):10753-10782.
[36] Chang M,Lin P P. On-line free form surface measurement via afuzzy-logic controlled scanning probe[J]. International Journal of Machine Tools and Manufacture,1999(39):539-552.
[37] 侯宇,崔晨阳.三坐标测量机上自由型曲面的精确测量[J].宇航计测技术.1999(6):6-11.
[38] Motavalli S. Review of Reverse Engineering Approaches[J]. Computers Industry Engineeirng,2003,135(2):25-28.
[39] 张国雄.三坐标测量机[M].天津:天津大学出版社,1999.

[40] 黄诚驹. 逆向工程综合技能实训教程[M]. 北京:高等教育出版社,2011.
[41] 李中伟. 基于数字光栅投影的结构光三维测量技术与系统研究[D]. 武汉:华中科技大学,2009.
[42] 李中伟. 面结构光三维测量技术[M]. 武汉:华中科技大学出版社,2012.
[43] 付琰. 三维影像仪中影像测量关键技术研究[D]. 合肥:合肥工业大学,2012.
[44] 迟健男. 视觉测量技术[M]. 北京:机械工业出版社,2011.
[45] 谢华锟. 影像测量仪的发展与点评[J]. 工具技术,2011,45(8):3-8.
[46] 钱锦锋. 逆向工程中的点云处理[D]. 杭州:浙江大学,2005.
[47] 宋鹏飞. 三维测量点云与 CAD 模型配准算法研究[D]. 合肥:中国科学技术大学,2016.
[48] 张成国. 逆向工程中数据拼接与精简技术研究[D]. 青岛:中国海洋大学,2005.
[49] 薛耀红,梁学章,等. 扫描点云的一种自动配准方法[J]. 计算机辅助设计与图形学学报,2011,23(2):223-231.
[50] 黄明. 三维测量点云数据重构方法研究[D]. 哈尔滨:哈尔滨理工大学,2009.
[51] 洪军,丁玉成,曹亮,等. 逆向工程中的测量数据精简技术研究[J]. 西安交通大学学报,2004,38(7):661-664.
[52] 张嫔,宋小文,胡树根. 逆向工程中的数据精简研究[J]. 现代机械,2006(1):37-39.
[53] 孙水发. 3D 打印逆向建模技术及应用[M]. 南京:南京师范大学出版社,2016.
[54] 陈继民. 3D 打印技术基础教程[M]. 北京:国防工业出版社,2016.
[55] 任翀. 逆向工程中散乱点云数据处理和实体化研究[D]. 包头:内蒙古科技大学,2013.
[56] 李中伟. 三维测量技术及应用[M]. 西安:西安电子科技大学出版社,2016.